적정기술
적용의
입문서

개발도상국
식수 개발
Water Supply
System

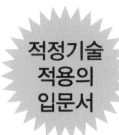

적정기술
적용의
입문서

개발도상국
식수 개발
Water Supply
System

손주형 지음

머리글

책 제목을 결정할 때 용수공급, 식수공급, 수자원개발, 용수개발, 상수도공급 등 여러 고민을 했지만, 보편적으로 사용하는 식수 개발(Water Supply)을 선택했다. 제목을 정하기 힘든 것은 우리나라에 적용하기보다는 아프리카, 동남아, 남미 등의 개발도상국에 적합한 내용을 중심으로 소개하려는 의도에서 시작된 것이라 어떻게 우리말로 표현해야 될지 많은 고민이 되었다.

이 책은 비전문가가 개발도상국에서 용수를 공급하고자 할 때 도움이 되었으면 하는 바람으로 시작되었다. 많은 비전문가들이 열정과 "왠지 될 것 같다"라는 무한한 자부심과, "내가 하는 일은 좋은 일이니 모든 것은 잘될 것이다"라는 희망이 섞인 기대감으로 시작하지만, 기초지식 부족으로 원하는 효과를 내지 못하고, 노력한 결과물들이 마을의 작동하지 않는 기념탑 내지는 흉물로 방치되는 경우가 허다하다. 해외에서 찍은 많은 사진들의 절반 이상은 부품고장이나 기술자가 없어서 제때 수리하지 못하고, 그냥 시설물이 방치된 것들이다. 많은 프로젝트의 시설물들이 6개월이 지나면 멈추어 버리거나 2년을 넘기지 못한다.

주유소와 몇 시간 떨어진 마을에 수중모터펌프와 경유 발전기를 공급하거나, 수리부품이나 기술자가 없는 곳에 최신식 태양광시스템을 설치하고, 날개가 떨어져 방치된 풍력펌프, 녹이 슬어 방치된 핸드펌프들은 더 이상 기술자로서 보고 싶지 않은 해외원조 프로젝트들의 단면이다.

기술을 가지고 있는 사람과 사용하는 사람의 차이가 분명히 있는데, 많은 선진국의 기술자들이 본인이 원하거나 본인이 가장 잘 아는 방식을 개발도상국 주민들에게 고집함으로써 발생하는 문제이다.

처음 사업설계를 하는 사람들이나 시공을 하는 기술자들이 개발도상국 현지기술이나 상황에 대해서 조금 더 알고 있다면, 엄청난 예산이 투입된 프로젝트의 성과물이 몇 년 뒤에 무용지물이 되는 일은 줄어들 것이라고 생각한다.

적정기술에 대한 다양한 정의가 있지만, 지역적 조건에 맞는 기술로서, 자원·에너지 절약형의 친환경적인 기술로 정의하고 싶다. 적정기술에서 가장 중요한 것은 큰 자본을

들이지 않고서도 간단한 기술을 실용적으로 이용해 편리하고 화려한 신기술을 사용하지 못하는 빈곤국가에서 이용할 수 있는 기술들이라는 것이 내가 생각하는 정의이다.

다시 말하면 적정기술이란 지역적 상황에 맞춘 인간중심의 기술이라고 생각한다. 지역 주민의 호주머니도 생각하고, 고장 났을 때 집에 있는 다른 물건으로 신속하게 수리도 가능하고, 소액의 예산으로 필요한 곳에 적정하게 투입하는 것이 적정기술이라는 생각이다.

부끄럽지만, 해외에서 많은 프로젝트를 수행할 때에는 이 책에 있는 내용의 대부분을 알지 못했다. 한국에서는 지하수 전문가였지만, 오히려 해외에서는 지하수 이외의 다른 지식이 더 많이 필요했었다. 해외에서는 자기의 전문분야도 중요하지만, 전공분야와 더불어 다른 분야를 이해하는 것이 절실했다.

이 책은 많은 국가에서 개발되고, 적용되었거나, 문제를 일으켰던 다양한 펌프와 다양한 기술들을 다루고 있다. 내용을 구성하면서 물 공급에 관심을 가지는 사람들이 처음에 어떻게 해야 할지를 고민할 때 다양한 정보를 얻게 할 목적으로 가급적 많은 것을 언급하였다. 대부분 개괄적 소개 수준에서 다루고 있으니, 더 자세한 내용은 참고문헌이나 참고자료를 활용하면 된다.

이 책은 박현주 박사님, 이승철, 이정철, 허건 차장님, 하경호, 조시범, 김진호, 오세봉 과장님, 효림산업의 박광진 부장님 등의 사진 제공과 도움으로 만들어질 수 있었다.

몇 년간 휴일과 퇴근 후에 책을 보고, 정리를 하고, 그림을 그린 결과들이 개발도상국에서 일을 해야 하는 많은 기술자에게 도움이 되었으면 하는 바람으로 두서없는 머리말을 마친다.

2015년 06월
손주형

목차

제5장 정수처리(Water Treatment)

표 목차

그림 목차

제1장

개요

여러 국가와 지역마다 지리적인 특성이나 자연환경, 활용분야, 예산에 맞는 너무나 다양한 형태로 용수를 이용하고 있다.

단기간 현장방문으로 용수 공급형태를 결정해야 한다면, 현지 전문가와 인근지역 현장이나 원조단체나 자체 보고서, 조사, 청문조사를 통해서 지역을 이해하고, 용수개발 형태를 결정하는 것이 최선의 방법이다. 지역특성에 가장 적합한 전통적이고 보편적인 방법에 대한 고찰을 통해 적정한 해법을 도출할 수 있다.

1.1 사전조사

지역마다 자연·인문 환경적 차이가 있어, 지역적인 상황을 검토하지 않고 어떤 용수공급이 적절하다는 것을 결정하기는 불가능하다. 경험 없는 기술자들은 지역적 특성이 파악되지 않을 경우에는 본인이 잘 알고 있거나, 다른 지역에서 경험한 방식을 추천하거나 선호한다. 수많은 방식 중에서 지역적인 상황과 수요자의 관점에서 보는 것이 아닌 공급자의 관점으로 접근한다.

개발도상국 시골지역에서 전통적인 물 이용형태를 조사하다보면, 아주 원시적인 방법이라고 초기에는 생각했지만, 조사할수록 기후와 자연조건, 생활방식(이용패턴)에 맞춘 과학적 시스템이라고 알게 될 때가 많이 있다. 우리의 시각으로는 원시적인 방법이지만, 에너지가 필요 없고, 용수를 개발하는 데 최소한의 노력이 소요되는 전통적인 방식들은 지역특성을 파악하는 중요한 요소 중의 하나이다.

여러 곳에서 사업을 계획하면서 사전조사 중요도를 낮추어보는 경향이 있다. 비전문가나 경험이 없는 사람이 사업 전체를 구상해서 결정하기도 한다. 현장경험이 없는 전문가들은 공급하는 방식의 장점에만 현혹되어 현장에서 나타날 수 있는 많은 위험요소(Risk)의 심각성을 낮추어보기 쉽다. 철저한 사전조사와 적정한 전문가의 투입으로 설계나 사업의 방향을 공급자의 관점이 아닌 수요자 관점에서 접근해야 한다.

용수를 공급하고자 할 때 일반적인 사전조사 항목은 <표 1.1>과 같다. 프로젝트 성격에 따라 추가아이템을 지역적 특성 및 여건에 맞게 추가해야 한다. 조사시점의 특징과 우기·건기·소우기·폭우기·강수패턴 등을 파악하고, 계절이나 시기에 따른 주거형태 변화가 발생할 수 있으므로 생활방식 및 주변환경 등을 파악해야 한다.

강이나 바다와 인접한 마을에서 주민들이 건기에는 마을을 걸어서 이동하지만, 우기에는 마을 전체가 한 달 이상 물에 잠기어 다른 지역으로 이주하거나, 소형카누를 이용해서 생활하는 마을도 있다. 이런 마을에서는 건기에 설치한 시설물이 우기에 침수되어 기계장치에 심각한 고장이 발생하는 것을 흔히 볼 수 있다.

우기에는 건축공사나 장비와 자재운반이 어려워 공사를 진행할 수 없는 경우가 많다. 우기에는 설계나 실내작업을 하는 일정으로 프로젝트 공정계획을 수립해야 한다. 사전조사를 실시할 때에는 건·우기의 특성을 파악하는 것이 중요하다.

<표 1.1> 사전조사 항목

구 분	내 용
기후	기후, 풍속, 습도 등
강우	강수량, 우기, 건기, 집중호우 형태
지질	대수층 현황
사용자	인구분포, 마을조직 형태, WUG[1] 존재 및 운영실태 등
수질	비소, 철, 염도 등 주요 수질 오염 현황 등
이용형태	이용시기, 이용량 Peak 수량
오염원	주변의 오염원 존재 여부(하수도시스템, 쓰레기 집하장, 공동화장실)
기존 이용시설	장·단점, 면담을 통한 개선방향
기타	주변 마을과의 관계, 부지소유형태, 우기건기 주거형태

---

[1] WUG: Water User Group 물이용 조직.

1.2 사전조사 적용사례

사전조사에서 해당 지역의 환경을 조사해보면 그 지역에 적용할 수 있는 형태를 간략하게 검토할 수 있다. 적절한 용수공급시스템을 결정하려면 다양한 측면의 현황 및 실태조사를 통해서 결정해야 한다. 사례에 따른 고려할 수 있는 용수공급시스템은 다음과 같다.

□ 사례 1

우기인데도 하천이 흐르지 않고 있다. 하천은 비가 올 때 일시적인 유로로만 사용되고 있다. 우기에도 어린이들은 집 근처에서 안전한 물을 확보하지 못하고, 멀리 떨어져 있는 하천에 와서 물을 긷고 있다.

<그림 1.1> 강바닥에서 물을 긷고 있는 소녀들(에티오피아)

우기용 빗물집수를 적용하면 저렴한 형태로 우기의 용수공급을 해결할 수 있고, Sand Dam 형태를 만들어 하천 둑에 펌프 시설도 검토할 수 있다.

□ 사례 2

공동급수대에서 줄을 서서 물을 받아가기 위해 많은 사람들이 대기하고 있다. 어린이와 자전거를 이용해서 물을 받아가는 사람들을 볼 수 있다.

<그림 1.2> 공공급수대에서 줄 서 있는 사람들(탄자니아)

> 원수의 공급수량이 충분하다면, 급수시설을 추가하여 급수전까지 가는 거리, 시간, 노동력을 줄일 수 있다.
> 급수시설 주변에 별도의 물탱크를 설치해서, 야간이나 물을 배분하지 않는 시간에 저장하면 수압이 상승해서 빠른 속도로 배분할 수 있다.

□ 사례 3

고산지역에 위치한 마을로 주거지가 분산되어 있고, 농경지 또한 산을 따라 조성되어 있다. 샘물 이외는 자연적으로 유하되는 물을 얻을 수 없는 지역으로 보인다. 고도 2,000m 이상 지역으로 안개구름이 자욱하다.

<그림 1.3> 안개구름이 끼어 있는 고산지역(에티오피아)

고산지역이지만 농경지 주변에 소규모의 민간만 있고, 인구가 밀집되어 있지 않으므로 소규모 시설이 적합하다.
주변에 샘물이 나오는 곳이 있다면, 샘물을 개발하거나 안개구름이 발생하는 빈도에 따라 안개이용(Fog harvesting) 시설을 검토할 수 있다.

□ 사례 4

강물이 있지만, 상류부에서 암염이 지표면에 노출되어 있어 염도가 높다. 유량은 충분하지만 염도가 높아 식수나 농업용수로 이용이 어렵다.

<그림 1.4> 암염에 노출되어 염도가 높은 강(아르헨티나)

염도가 높은 지표수 자원이므로 용수로 공급하는 데 어려움이 있다. 지표수가 풍부한 지역이라면 강수량을 확보할 수 있으므로 빗물이용시설(Rain Water Harvesting)을 적용할 수 있다.
만약, 지층 내부에 암염이 있다면 염지하수는 지하수 구간에서도 염도가 높아질 수 있으므로 청문조사를 통해서 지하수 현황을 파악하고 개발한다.
일조량이 풍부한 지역에서는 태양열 증발정수기를 이용해 식수로 사용할 수 있다.

해안가와 강 인근에 위치한 마을로서 마을도로가 고운 모래로 덮여 있다. 전통주택이 우기에 침수되는 지역으로 가옥이 지표에서 일정 높이 이상으로 건축되어 있다. 우기가 6개월 정도 지속되고, 많은 주민들이 빗물이용을 위한 다양한 물탱크를 가지고 있다.

<그림 1.5> 고운 모래로 되어 있는 마을 내부 도로(파푸아뉴기니)

마을 내부 도로가 고운 모래로 깔려 있다는 것은 이 마을이 침수지역임을 알 수 있다. 시설물을 설치할 경우에는 돌망태 등으로 설치 높이를 높여 침수가 되지 않도록 해야 한다.
전통적으로 빗물집수시스템을 이용하고 있으므로, 페로시멘트(ferrocement) 물탱크 제작교육과 같이 대형물탱크를 제작하는 기술을 보급하거나 대형물탱크 지원사업을 할 수 있다.

1.3 용수개발 형태

강수를 지붕으로 모으는 빗물집수(RWHS)로부터, 지표면에 흘러내리는 것을 이용하는 샘물(Spring), 지표에 흐르는 물을 막아서 사용하는 저수지(Reservoir)나 댐(Dam)과 같은 저류시설, 땅속을 흐르는 물(Groundwater)을 이용하는 관정(Well), 공기 중 습기를 이용하는 안개이용(Fog harvesting) 등 다양한 형태의 용수개발 방법이 있다.

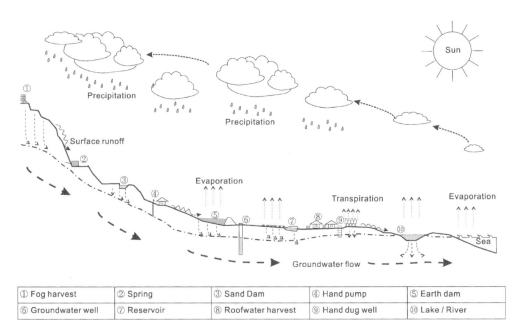

① Fog harvest	② Spring	③ Sand Dam	④ Hand pump	⑤ Earth dam
⑥ Groundwater well	⑦ Reservoir	⑧ Roofwater harvest	⑨ Hand dug well	⑩ Lake / River

<그림 1.6> 물 순환과 이용

일반적으로 많이 적용하는 용수의 개발 형태는 <표 1.2>와 같다. 다양한 이용형태가 있지만, 보편적인 것을 중심으로 기술하였다. 각 기술에 대한 자세한 내용은 2장에서 개념도와 사진 등을 포함하여 설명하였다.

<표 1.2> 용수개발 형태

구 분	특 징
샘 (Spring)	골짜기나 계곡에서 땅속에 있던 물이 지표면으로 흘러나오는 것을 이용
인력관정 (Dug Well)	삽과 같은 간단한 도구를 이용해서 물이 나오는 곳까지 지하로 파내려가서 땅속에 있는 물을 이용
인력기계관정 (Manual Drilling Well)	오거, 비트, 양수기 등 소형장비 등을 이용하여 인력으로 관정을 굴착하여 지하수를 이용
깊은 관정 (Deep Well)	고성능 착정장비를 이용해서 50m 이상의 깊이로 땅을 굴착하여 지하수를 이용(지역마다 심도는 차이가 큼)
빗물이용시설 (Rain Water Harvesting)	비가 올 때 지붕이나 집수되는 면을 이용해서 물탱크 등에 저장하여 이용
저수지 (Reservoir)	강이나 골짜기의 물을 막거나 지표면을 파서 저장공간을 만들어 물을 이용
모래댐 (Sand Dam)	하천을 이용해서 댐(보)을 쌓아, 모래가 쌓이게 하고, 건기에 모래 속에 저장된 물을 이용
안개이용 (Fog Harvesting)	안개와 구름이 많은 지역에서 네트에 맺히는 물방울을 집수하여 이용

<표 1.3>의 지하수개발 형태는 지하에 있는 물을 이용하는 것은 동일하지만, 개발깊이와 굴착방법에 따라 인력관정, 인력기계관정, 깊은 관정 등으로 분류하였다.

인력관정은 전통적으로 삽이나 곡괭이 등을 이용해서 재래식 우물을 개발하는 방법이다. 인력기계관정(Manual Drilling Well)은 간단한 굴착도구나 모터 등을 이용한 방식으로 10cm 이내의 구경으로 깊이 30~50m 정도까지 개발할 수 있다. 고성능 기계굴착은 고성능장비를 이용해서 100m 이상으로 굴착하여 이용한다.

<표 1.4>는 지하수관정 개발비용을 개략적으로 나타냈지만, 현지 여건에 따른 차이가 많고, 프로젝트 지역의 전반적인 물가, 시장가격, 이동거리, 인건비 등에 많이 좌우되므로 적용에 주의가 필요하다.

<표 1.3> 지하수관정 구분

구분	고성능기계굴착	기계인력굴착	인력굴착[2]
안정수위(m)	0~200	0~40	0~30
관정심도	0~200[3]	0~50	0~35
지질학적 개요	암반을 포함한 모든 지층	Sand, clay, 연약층	clay, 연약층, 암반층
공사비용	>$10,000	$400~2,500	$2,500~10,000
접근성	중장비가 접근가능한 도로 필요	접근성 우수	접근성 우수
공사기간	1~14일	1~14일	30~90일
공사가능 기간	연중 (장비진입이 가능하면)	연중 (건기 선호)	건기에만 가능
장점	안정적인 물량공급 수질 상대적 좋음	기술자 수급용이 저렴한 비용	기술자 수급용이 저렴한 비용
단점	비용	건기에 물량감소	물량확보, 수질취약

같은 용수공급 형태이지만 지역마다 커다란 차이가 있어서 비용산출이 쉽지 않지만, CRS(Catholic Relief Services: 2009)에서 상호비교를 위해서 제시된 개발비는 <표 1.4>와 같다. 개발과 운영에 많은 부분을 차지하는 유류가격은 현재 유류가격과 많은 차이가 있어, 현재가격은 많이 상승하였으므로 비용은 단순비교를 위해 사용하고, 실제 적용에는 현지시장조사를 거쳐 비용을 산정해야 한다. 제시된 금액들은 관정을 개발하고 펌프를 설치하는 것만으로 이루어져, 장거리 파이프 공사나 부대비용은 포함되어 있지 않다. 그리고 아프리카 지역이 아시아 지역보다는 더 많은 비용이 소요되는 등 지역 및 국가마다 물가가 다르므로 예산수립에 유의해야 한다.

---

2) Clay, 연약층, 모래층은 콘크리트 링(concrete ring)이나 드럼통 등으로 무너지지 않도록 케이싱을 설치한다.

3) 굴착장비의 성능에 따라 고심도(500m 이상)까지도 개발 가능하다.

<표 1.4> 용수별 개략 개발비용(2001년 기준)(CRS, 2009)[부대공사 미적용]

Pump Type	Targeted people per source	Investment cost (USD)	Investment cost per capita (USD)	Yearly maintenance cost (USD)	Running cost per m³ of water pumped (USD)
Hand-dug well*	150~200	900~1,500	5~10	15	0.06
Dug well with hand pump	200	2,400~3,000	12~15	45	0.11
Hand-drilled borehole with hand pump	300	3,600~4,500	12~15	45	
Machine-drilled borehole with hand pump	300	1,000~1,500	20	50~120	0.14
Borehole with windmill and pump	500~2,000	35,000~85,000	18~170	1,600	0.10
Borehole with electric pump	1,000~5,000	40,000~85,000	8~85	4,000	0.11
Borehole with dissel pump	500~5,000	40,000~85,000	8~170	5,000	0.22
Borehole with solar pump	500~2,000	35,000~85,000	18~170	1,600	0.10

* 노출되어 있는 용수는 오염에 취약하므로 깨끗하지 못한 물을 먹을 가능성이 높다. 이는 단순 비교일 뿐 수질에 관련된 고려가 필요함.

주의: 2001년 비용으로써, 유류(diesel), 전기료(electricity cost) 등이 많이 상승되어 전반적으로 단가인상이 되었을 것으로 추정됨. 대륙별, 지역별로 많은 차이가 있음. 이 표는 비교를 위한 자료로 적용된 것으로 실제 예산 적용에는 한계가 있음.
전기 인입을 위한 수수료는 거리에 따라 비용이 산출되고, 관로공사비용, 분배시설 설치 등의 부대공사는 포함되어 있지 않으므로 적용에 유의할 것.

1.4 용수공급 형태 결정

용수공급 형태는 사전조사 자료와 예산, 지역적 특성을 종합적으로 분석하여 결정해야 한다. 사전조사에서 많은 것을 파악하기 위해 충분한 조사기간과 경험 많은 전문가가 참여하면 이상적이지만, 실제 프로젝트에서는 비용이나 시간적인 부담으로 사전조사가 무시되거나 간소화되는 경우가 많이 있다.

경험이 많은 전문가의 사전조사가 적절한 용수공급 형태를 결정하는 데 가장 이상적이지만, 경험이 없는 전문가라면 충분한 자료를 조사하거나, 기존에 사용하는 형식을 개선하려는 시도가 더 적절한 방법일 수 있다. 새로운 기술의 도입은 예상하지 못한 사소한 요인으로 투입된 시스템이 그대로 방치되는 경우가 많으므로 세밀한 조사와 검토가 필요하다.

현지여건을 간접적으로 파악하기 위해서 인터넷 서비스인 구글어스(earth.google.com)나 파노라미오(www.panoramio.com)를 이용하면, 현지 조사기간이나 비용 등의 제약으로 보지 못하는 주변지역의 모습들을 볼 수 있다. 사진이나 영상자료를 통하여 개략적인 거주형태, 산지, 바다, 하천, 접속도로, 주변지형 등을 파악할 수 있다.

용수공급의 형태는 용도와 필요수량에 따라서 큰 차이가 있으며, 축산용수, 농업용수, 가정용 식수는 중요도나 수질부분에서 각각 차이가 난다. 지역적으로 필요시기에 따라서 용수공급 형태의 차이가 있다. 충당할 수 있는 예산의 범위나, 동일한 공급형태지만 적용공법, 자재에 따라서도 많은 차이가 난다.

식수일 경우에는 지하수나 빗물집수 등의 방법을 우선적으로 고려하는 것이 좋을 수 있고, 축산용수나 농업용으로 사용할 경우에는 저수지 등을 먼저 고려할 수 있다.

지하수의 경우에는 경제적인 인자와 더불어 지하수 부존성, 비소나 불소와 같은 자연적인 수질조건 등도 검토해야 한다. 저수지의 경우에는 적정한 지형적인 조건이나 활용가능한 부지가 확보되어야 한다.

부지 소유권의 경우 개발도상국의 부지가격이 선진국에 비해서 저렴하지만, 체감물가에 따른 상대적 가치나 땅에 대한 인식 정도는 오히려 선진국보다 더 큰 경우가 많이 있기 때문에 단순한 비교로 부지가치를 판단해서는 안 된다. 실제로 많은 현장에서 부지협상이 되지 않아서 사업이 지연되거나 계획을 변경하는 경우가 많이 발생한다.

<그림 1.7>은 용수공급 결정단계의 개략적인 과정으로, 각 항목을 중심으로 반복 또는 순서를 바꾸어가는 검토를 통해 용수공급 형태를 결정할 수 있다.

조사항목들은 현장조사, 시장조사, 현지전문가 면담 등을 통해서 적정하고, 정확하게 결정할 수 있다.

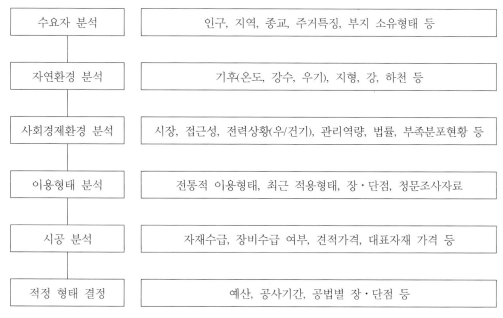

<그림 1.7> 용수공급 결정단계

제2장

용수원 개발

2.1 샘물(Spring)

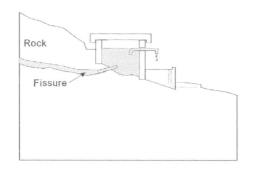

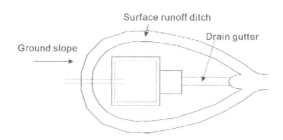

(Modified from Jo Smet & Chrisine van Wijk)

<그림 2.1> 샘물 개념도

샘은 지표에서 가까운 땅속에 흐르던 물이 지표면으로 흘러나온 것이다. 흘러나온 물을 바로 사용할 수 있지만, 안전하고 편리하게 사용하기 위해서 필요한 시설물을 설치해야 한다. 지표면을 흘러나와 각종 오염원과 접촉하므로 물이 나오는 곳에서 파이프로 물탱크와 연결하여 지표오염원과 접촉하지 않도록 한다. 비가 많이 올 때 물탱크에 미세토양 등으로 갑자기 흘러나오는 것을 방지하기 위한 모래필터나 침전조를 설치해서 1차 정수장치를 설치하고, 숯 등을 이용해서 오염물질이 흡착되도록 하는 2차 정수장치 등으로 간이수도시설이 된다.

샘을 설치할 때에는 운반과정에서 흘리거나 물통 세척 등에 사용된 물들이 주변에 고이지 않도록 배수에 유의해야 한다. 배수가 불량하여 웅덩이가 만들어지면 모기나 벌레들이 쉽게 서식하는 환경이 될 수 있으므로 자갈이나 배수성이 좋은 골재 등으로 배수통로를 이용시설에서 최대한 멀리까지 설치해야 한다. 또한 물을 마시기 위해 접근하는 야생동물들의 배설물 등으로 수질이 나빠질 수 있으므로 휀스 등으로 동물접근을 막아야 한다.

자재는 현지에서 쉽게 구할 수 있는 돌, 자갈 및 콘크리트 등으로 만들고, 높은 곳이나 거리가 먼 용수원은 파이프를 연결하여, 접근하기 쉬운 곳에 이용시설을 설치하여 운반시간과 이동거리를 줄일 수 있다.

샘은 다른 용수원에 비해서 건설비용이 저렴하지만, 개발가능한 지점이 있어야 하는 어려움이 있다. 주민들의 청문조사를 거치거나 기존시설을 개선하는 것도 한 가지 방법이다.

□ **설치**

샘이 나오는 지점에 파이프를 설치하고 물탱크에 저장한다. 우기에도 침수, 빗물의 우회 유입 등이 발생하지 않도록 한다.

동물접근 방지용 펜스를 설치하고, 바닥면에 배수가 잘 되는 자갈이나 돌로 배수로를 만들어서 샘물에서 미끄럼 사고나 물이 고인 곳에서 벌레나 모기유충들이 서식하지 않도록 한다. 열고 닫는 수도꼭지는 시간이 갈수록 누수가 발생하거나 잦은 작동으로 설치된 벽체가 파손될 수 있으니 설치과정에서 검토해야 한다.

물탱크는 청소하기 쉬운 구조로 만들어서 우기나 수질이 나빠지면 손쉽게 청소가 가능하도록 설치해서 깨끗한 수질이 유지되도록 한다.

□ **이용상 유의점**

샘물은 겉보기에는 깨끗하지만 미생물오염에 취약하므로, 샘물에서 얻은 물은 태양멸균시스템(SODIS)이나 바이오샌드필터(BSF), 세라믹필터, 염소소독 등을 이용해서 생물학적 정수를 한 이후에 음용하는 교육이 필요하다.

<그림 2.2> 샘물 이용시설(에티오피아)

□ 장점

- 특별한 기술이 없이도 쉽게 적용할 수 있다.
- 이용시설을 설치하지 않는 것보다 개선된 수질을 유지할 수 있다.
- 관리비용이 저렴하다.

□ 단점

- 샘물이 나오는 지역에서만 설치가능한 제약이 있다.
- 주로 산간지역에 위치하여 접근성이 좋지 않다.
- 건기와 우기에 산출량 차이가 발생할 수 있으므로, 건기에는 대체수원이 필요할 수 있다.

2.2 인력관정(Dug Well)

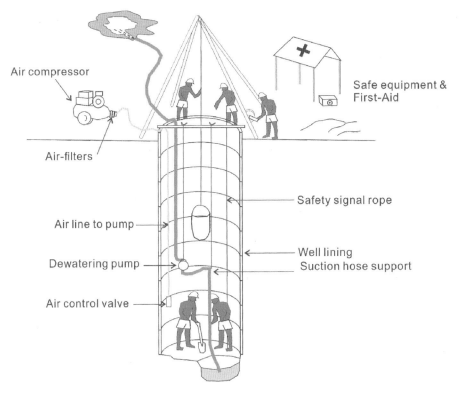

(Modified from Oxfam(2000))

<그림 2.3> 인력관정 작업

가장 전통적인 지하수개발 형태로 여러 지역에서 많이 사용하는 방식이다. 지표면을 이루는 암석이나 토양이 지역에 따라 차이가 있지만, 곡괭이, 삽, 정, 망치 등을 이용해서 약 1.5m 지름으로 지표면에서부터 20~30m 땅을 파고 물이 나오는 것을 모아서 이용한다.

□ 설치

진흙(Clay), 모래(Sand), 자갈(Gravels)로 혼합된 흙을 이루는 지층은 삽으로 파고, 콘크리트 링이나 돌 등으로 공내 붕괴를 방지한다. 물이 나올 때까지 지하를 파고, 지하수가 유입되면 펌프 등으로 배수하면서 작업을 한다.

암석으로 이루어진 지역에서는 정이나 망치로 암석을 깨면서 암반을 파고 들어가는 방식으로 작업을 하지만, 깨어진 암석조각을 바구니로 올릴 때 떨어지지 않도록 조심해야 한다. 암반으로 이루어진 지역은 토양 충적지층에 비해 공내 붕괴가 나타나지 않아 케이싱 중요도는 상대적으로 떨어진다.

지하수를 개발하는 위치는 지역 주민들의 경험과 지구물리탐사 등을 활용하여 과학적으로 우수한 지점을 선택할 수 있지만, 물리탐사 장비사용이나 경제적인 어려움이 있거나 소규모 관정을 개발할 경우에는 다우징(Dowsing)을 이용할 수 있다.

강 인근에 있는 모래와 자갈로 퇴적된 지역에서 인력관정을 개발할 때에는 콘크리트 링을 설치해서 우물 내부에서 일을 하는 작업자가 공내 붕괴로 인해서 인명사고를 방지한다.

설치작업은 지하수위가 가장 낮은 건기에 실시하여 작업 편이성과 연중 이용에 지장에 없도록 한다. 작업을 할 때에는 여러 명의 작업자가 공사장 주변에 있도록 하고, 자재나 암석, 충적층 함몰 등을 대비해서 안전 장비를 구비하여 사고가 발생하지 않도록 한다.

<그림 2.3>은 인력관정을 설치할 때 가장 안전하게 작업하는 모습이다. 관정에서 굴착한 암석이나 모래를 지상으로 올리고 내릴 시, 지하에서 일을 하는 작업자의 머리 보호를 위해 안전모를 착용하도록 한다.

관정이 붕괴되는 것을 방지하기 위한 케이싱 방법은 <그림 2.4>와 같다. 지역에 따라 케이싱을 돌, 나무, 블록, 드럼통, 콘크리트링 등 다양하게 적용할 수 있다.

□ **이용상 유의점**

많은 사람들이 이용하는 우물은 대구경으로 노출되어 있기 때문에 어린이, 가축 등이 추락하는 사고가 발생하지 않도록 뚜껑을 설치하는 등 안전한 이용방안을 검토해야 한다. 지붕을 설치하면 이용자의 일사병방지 및 오염방지에도 효과적이다.

우물 주변에서 목욕이나 빨래 등의 목적으로 용수를 이용할 경우에는 사용했던 물이 우물로 다시 유입되지 않도록 배수시설을 최대한 멀리까지 설치한다.

우기에 침수가 발생하는 지역에서는 쓰레기와 오염물질이 우물 내부로 유입될 수 있으므로 설치 초기부터 외부의 지표수들이 유입되지 않도록 충분한 설치 높이를 고려해야 한다.

□ 장점

- 전통적인 지하수이용 형태로써 숙련된 기술자를 구하기가 쉽다.
- 개발비용의 대부분을 인건비가 차지하므로, 인건비가 저렴한 개발도상국에서는 경제적으로 개발할 수 있다.

□ 단점

- 가장 효과적인 설치위치를 찾기가 어렵다.
- 원하는 수량을 확보하지 못하는 경우도 많다.
- 상부 지표수가 우물에 유입되기 쉬우므로 우기와 건기에 따라 수질 및 수량변동이 크다.

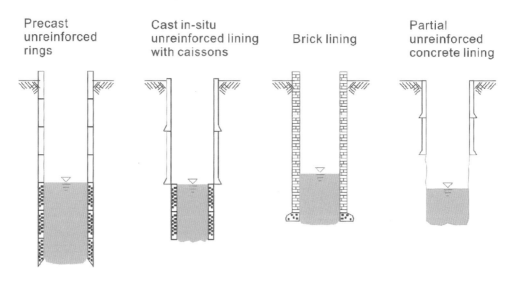

(Modified from Seamus Collins, 2000)

<그림 2.4> Dug Well의 다양한 외벽

[사진: Seifu]

<그림 2.5> 철재 드럼통 관정 외벽(에티오피아)

<그림 2.6> 석재 블록 관정 외벽(캄보디아)

<그림 2.7> 내부 지층 제거(케냐)

<그림 2.8> 콘크리트 링 제작(케냐)

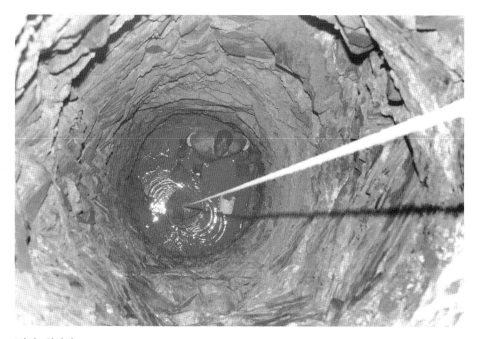

[사진: 최영희]

<그림 2.9> 암반층 인력관정 작업(케냐)

<그림 2.10> 인력관정 이용(세네갈, KOICA, 2010)

2.3 인력기계관정(Manual Drilling Well)

지하수위가 깊지 않은 곳에서 30~50m 내외의 지하수관정을 개발할 때 사용하는 방식으로 오거, 삼발이, 펌프 등 간단한 기계장치나 도구를 이용해서 지하수를 굴착하는 방법이다.

충적층 심도가 깊지 않은 국내에서는 적용이 어렵지만, 토양이나 자갈로 이루어진 충적층이 두꺼운 지역에서는 지하수를 개발할 때 적용할 수 있다. 예산이나 용도에 따라서 고심도 지하수 개발이 어려울 경우 사용할 수 있는 방식으로 3~4인의 기술자가 하루에 작업을 마치는 방식으로 몇몇 가구를 위한 지하수개발에 적합하다.

일정 심도까지 물공급 없이 굴착을 시작해서, 심도가 깊어질수록 점토(Clay)를 섞은 이수를 이용해서 굴착되는 흙이나 부서진 찌꺼기들을 지상으로 옮겨주면서, 굴착되는 면이 무너지지 않도록 한다.

충분한 지하수가 나오기 전에 강한 암반지층이 나온다면 굴착이 어려워져, 개발이 부적합하므로 지역적인 개발 가능성을 먼저 판단해야 한다. 지역여건에 맞게 다양한 방식으로 개발되어 있고, 지역에 따라서는 여러 방식을 혼합하여 개발된 것도 많이 있으므로 현지에서 참고할 수 있다.

인력기계관정은 핸드오거(Hand auger), 충격방식(Percussion), 제팅방식(Jetting), 슬러징방식(Sludging) 등으로 충적층 이외에도 지역특성에 맞도록 개발되어 있다.

지층에 따른 적용가능 방식은 <표 2.1>과 같다.

<표 2.1> 지층에 따른 굴착 적용성

구 분	충적층	퇴적암층	연암층
Percussion(충격식)	적합	느림	매우 느림
Hand-auger(핸드 오거식)	적합	부적합	부적합
Jetting(물순환식)	적합	부적합	부적합
Rotary percussion(충격방식)	적합	적합	적합
Rotary Flush(회전 세척방식)	적합	적합	느림

□ 설치방법

물순환식(Jetting)은 물을 쏘면서 땅을 팔 수 있는 비트(Bit)를 이용해서 굴착하는 방법으로 일정한 기술력이나 경험이 있는 기술자들이 작업할 수 있다. 지하수를 굴착하는 비트부와 물을 공급하는 펌프부로 구분할 수 있다. 굴착할 때 사용하는 이수(Mud water)라는 점토가 포함된 용액을 연결파이프인 로드(Rod) 내부에서 로드 외부로 순환시켜 지하지층에서 깎여 나오는 슬러지를 제거하면서 미세한 점토 등이 지층의 공극을 메우는 그라우팅같이 층을 단단하게 하면서 굴착면이 마치 점토로 코팅된 케이싱 효과로 공내 붕괴를 막아준다. 굴착면이 케이싱 역할을 하면서, 비트부와 로드가 무너지는 지층으로 관정내부에서 끼어버리는 쨈밍(Jamming) 현상을 막아준다.

이수와 같이 올라오는 암석이나 퇴적층을 깎은 슬러지를 관찰하면 지층의 변화여부 등을 파악할 수 있다.

□ 장점

- 다른 용수원 개발에 비해서 많은 비용을 들이지 않고, 지하수를 이용할 수 있다.
- 충적층이 깊은 곳에서 양질의 수질을 확보할 수 있다.

□ 단점

- 적용 지역특성에 따라 기술이 한정되므로, 현지 기술자 또는 관정개발 업체와 긴밀한 협조가 필요하다.
- 관정 사이즈와 개발심도에 제한이 있어 대규모의 용수공급은 어렵고, 소규모 가정이나 일부 구성원들의 용수공급에 적당하다.

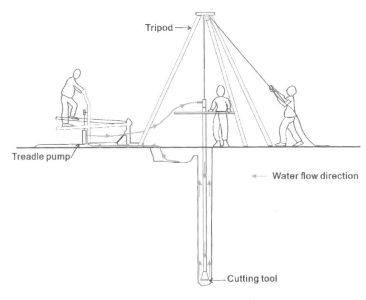

Tripod

Treadle pump

Water flow direction

Cutting tool

(Modified from WEDC)

<그림 2.11> 제팅방식 관정개발

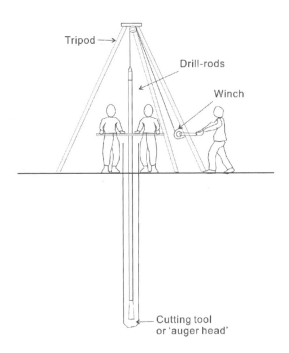

Tripod

Drill-rods

Winch

Cutting tool
or 'auger head'

(Modified from lboro)

<그림 2.12> 오거방식 관정개발

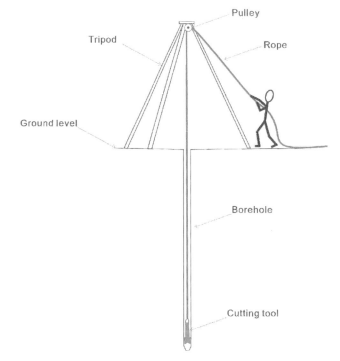

<그림 2.13> 충격방식 관정개발

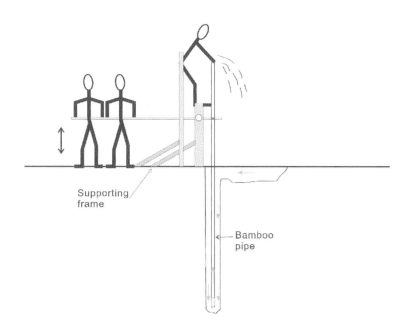

<그림 2.14> 슬러징방식 관정개발

2.4 암반관정(Deep Well)

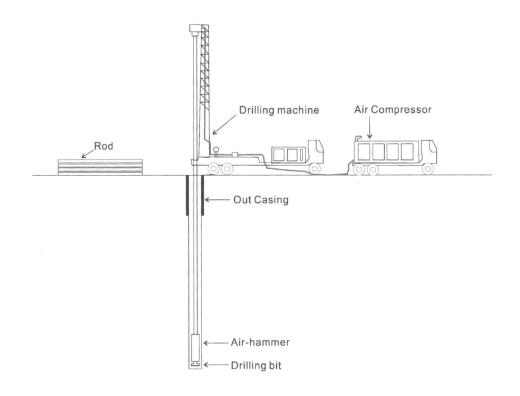

<그림 2.15> 에어함마 방식의 관정개발

암반관정 또는 깊은 관정(Deep Well)이라고 하며, 일반적으로 기계식 착정기를 이용하여 지하 100m 내외를 관정을 만드는 것이다. 작업을 위해서 장비이동 및 연료공급, 자재운반, 기술자 투입 등 다양한 부대비용이 발생하므로 다른 방식에 비해 많은 비용이 필요하다. 소형 트럭으로 운반가능한 소형착정장비부터 트럭에 탑재되어 스스로 움직이는 자주식 고성능 굴착장비까지 다양한 형태가 있다.

관정을 무조건 깊이만 파면 좋은 물이 나온다고 믿는 사람도 있지만, 지하수질은 지역에 따라서 차이가 많이 난다. 오히려 깊이 팔 경우 불소, 암염 등의 수질에 악영향을 미치는 요소들이 나올 수 있고, 상부에 너무나 많은 물이 나오는 경우에는 수압으로 인해서 굴착이 어려운 경우가 있으므로, 적정 개발심도는 지역 특성과 필요수량에 따라 결정해야 한다.

기존 관정 분포현황과 지하지층 물리적 특성을 파악하기 위한 물리탐사 등 다양한 조사를 실시하여 성공률을 높임으로써 비용을 절감할 수 있다. 지구 물리탐사 및 현황조사로 지하수 부존상태가 좋은 지점에 관정을 설치하고 이용시설은 지형 및 공급계획에 따라 적정한 위치를 선택한다.

암반관정 적용여부를 검토할 때는 현지기술자, 지역주민, 지자체 등에서 주변 지하수 개발 실적이나 관정재원을 파악하고, 비용을 참고해야 한다. 개발성공률이 낮은 지역에서는 지하수개발에 따른 비용이나 폐공의 확률이 높아지므로 개발비용이 많이 필요할 수 있다.

굴착위치와 지역에 따라 가격 차이가 많이 발생하므로 지역 지하수 개발업체의 개발방식과 견적을 통해서 예산수립 자료로 활용해야 한다. 지역마다 개발비용은 매우 큰 차이가 나므로 특정지역의 일반적인 내용을 적용하는 것은 문제가 있다. 개발방식, 비용 등을 참고하기 위해서는 인근 지역에 지하수를 개발했던 다른 원조기관들의 보고서는 큰 도움이 된다. JICA[4]의 경우, 광역적인 지하수조사를 통해서 지역의 특성 및 일반적인 현황을 파악하는 조사를 수행하는 프로젝트를 많이 추진하고 있다. 광역 지하수조사 보고서에서 지하수 부존 특성, 양수능력, 지하수 산출 특성 등을 개략적으로 파악할 수 있다. JICA 이외에도 다른 기관 보고서를 수집하여 참고하면 많은 도움이 된다.

지하수개발은 많은 비용이 소모되므로 지하수 전문가가 사전조사부터 참여하여 지구 물리탐사 등 적정한 개발공법 선정을 통해서 예산을 효율적으로 사용해야 한다.

지하수 개발에 따른 개략 공종은 <표 2.2>와 같다.

<표 2.2> 지하수개발 공종

구 분	내 용	비 고
사전조사	지하수를 굴착하기 전에 사업지역에 대한 지하수개발 및 개발가능성을 판단하기 위한 조사	문헌조사, 지형도, 위성탐사, 항공사진, 지구물리탐사
시추조사*	지하수 존재여부를 조사하기 위해 시추구경을 작게 해서 굴착하는 예비시추조사	지하수 개발 가능성
양수시험 (Pumping Test)	굴착된 시추공에 대한 양수량 및 산출가능물량을 판단하는 시험	적정개발량 산출

---

4) 일본국제협력기구(Japan International Cooperation Agency).

수질검사	양수시험이나 시추과정에서 시료를 채취하여 필요한 수질을 충족하는지를 파악하여야 함.	
확공공사	대규모 개발일 경우 조사공을 먼저 굴착해서 양수능력 및 수질 등을 파악하고 사용여부를 판단한 이후에 지하수공을 넓혀 우물자재를 설치함.	
이용시설	지하수의 굴착위치를 고려하여 적정한 물탱크, 배관, 급수시설 등을 설계하여 설치함.	

* 현장 여건에 따라 시추조사에서 최종구경으로 굴착하는 경우도 있음.

□ **설치방법**

고결되지 않은 충적층에서 굴착을 하면 공내 붕괴가 발생하므로 케이싱(철제 또는 PVC 파이프)을 설치하면서 암반이 나올 때까지 굴착해야 한다.

충적층이 깊은 지역에서는 굴착하면서 케이싱을 동시에 설치하는 오텍스 비트를 이용할 수 있고, 제주도와 같이 기공이 많은 지역에서는 로터리 비트방식을 이용해서 암석을 갈아서 파는 방식을 사용할 수 있다. 다양한 방식으로 굴착은 가능하지만 특이한 공법은 자재, 장비, 부품수급 등에 어려움으로 경제적 비용이나 시간적인 문제가 발생할 수 있다.

지역마다 굴착방식에도 차이가 있으므로 적정한 굴착방식은 지질 특성을 고려하여 선정한다. 굴착 깊이는 지하수위가 나오거나 양수량이 충분히 확보한 심도에서 수중모터나 이용시설의 설치 등을 고려해서 굴착한다. 실패공이라고 판단될 경우 계속적인 굴착은 오히려 비용증가를 초래할 수 있으므로, 굴착 전 주변 현황조사 자료 및 지층의 상태 등을 종합적으로 분석하여 결정한다.

지구물리탐사를 실시한 경우에는 대수층의 깊이를 파악하여 굴착함으로써 굴착심도를 개략적으로 결정할 수 있으나, 대부분의 굴착심도는 대수층의 깊이와 지구물리탐사 결과를 바탕으로 하고, 실제 굴착과정에서 양수량과 수질을 고려하여 최종적인 굴착 깊이를 결정한다.

굴착이 종료된 이후에는 며칠간의 장기 양수시험을 실시하고, 적정양수량을 결정한다. 양수시험에서 나오는 수위자료는 향후의 변화를 예측하고, 합리적인 이용방향을 제시할 수 있다. 양수시험 종료 전 수질시료를 채취하여 수질검사를 실시한다.

많은 개발도상국에서는 공인수질검사기관이 많지 않아, 정확한 수질자료를 산출하지 못하는 경우도 많이 있지만, 각 나라마다 지정한 권장기준을 따라서 음용여부 등을 판단한다. 비소, 불소와 같이 특정오염원이 많이 산출되는 곳에서는 적정한 정수시설을 같이 보급하여 안전한 식수를 음용하도록 한다.

충분한 물량이 확보하지 못한 실패한 관정도 핸드펌프를 설치하여 활용할 수 있다.

□ 유의사항

지역마다 지하수개발 방식에 차이가 있으므로 한국식 개발방식으로 아프리카 지역에 똑같이 적용할 수 없다. 지하수개발에는 고성능 착정기, 에어콤프레샤, 크레인 등 여러 장비가 이동하므로 개발도상국과 같이 도로사정이 나쁜 곳에서는 계절에 따라 접근 자체가 불가능한 경우도 있다. 수리부품 및 필요 자재수급이 어려울 때에는 장기간 작업이 중단되는 문제가 발생하므로 충분한 공사기간과 부대여건을 면밀히 검토해야 한다.

특히 국내의 경우에는 지역적으로 풍부한 자료와 기술력 확보 및 과대경쟁 등으로 폐공에 대한 비용은 지불하지 않는 경우가 있으나, 이는 특이한 시장구조이므로 국제적으로 이러한 경우가 없으므로 유의해야 한다.

지하수개발이 어려운 지역에서는 실패를 계속할 경우 비용이 지속적으로 증가한다. 많은 국가에서는 한국과 달리 실패할 경우에도 비용을 산정하므로 지하수개발 계획을 수립할 경우에는 실패에 대한 위험도 고려해야 한다.

암반 지하수개발에는 수입 장비 및 자재 등을 많이 사용하므로 장비투입 가격이 한국보다 높게 책정된다. 개발도상국의 경우 인건비는 낮은 반면 관세, 운반비, 통관부대비용 등은 선진국에 비해서 훨씬 더 많은 금액이 소요된다. 직접 해외로 장비를 운반하여 사용하려고 할 경우에도 운송, 통관, 세관수수료 등 예기치 못한 어려움이 많이 있으므로 면밀한 검토가 필요하다.

굴착장비, 콤프레샤, 부대품, 양수장비 등 다양한 장비가 필요하므로 충분한 부지면적과 부지제공을 계획단계에서 협의하여야 한다. 부지확보는 많은 국가에서 발생하는 첨예한 문제이므로 세밀한 협의내용 및 관행에 대한 검토가 필요하다. 처음 프로젝트를 유치할 때에는 부지에 대한 문제를 모두 해결해주겠다고 하지만, 실제 프로젝트가 진행되면 부지확보가 안 되어서 몇 달을 소요하는 경우가 많이 있다.

개발도상국에서 부지문제가 부지가격 이외에도 부족 분쟁, 전통적 가치관, 풍습 등 선진국보다 해결이 어려울 경우가 더 많이 있다. 식수 개발 과정의 문제해결을 위해서 용수개발 혜택 분배, 단순작업자 고용 등 다양한 방법의 접근이 필요하다.

□ 장점

- 100m³/일 이상의 지하수가 산출되므로 많은 주민들이 혜택을 받을 수 있다.
- 다른 용수원에 비해 수질이 양호하다.
- 별도의 정수시설 등이 필요 없다.
- 계절에 따른 양수량의 변화가 크지 않다.

□ 단점

- 자연적으로 수질이 불량하거나 수량이 부족한 지역에서는 적용이 어렵다.
- 전문기술자와 고성능 장비와 부대품이 투입되어야 한다.
- 개발비용이 많이 소요된다.
- 유지 보수 및 운영을 위한 별도의 물이용조직이 필요하다.

<그림 2.16> 자주식 고심도 착정장비(탄자니아)

<그림 2.17> 소형 기계식 착정장비(캄보디아)

[사진: 조시범]

<그림 2.18> 수압식 지하수 개발(D.R. 콩고)

[사진: 하경호]

<그림 2.19> 지하수 착정장비(엘살바도르)

[사진: 김무진]

<그림 2.20> 지하수 착정장비(우즈베키스탄)

2.5 빗물이용시설(RWHS)

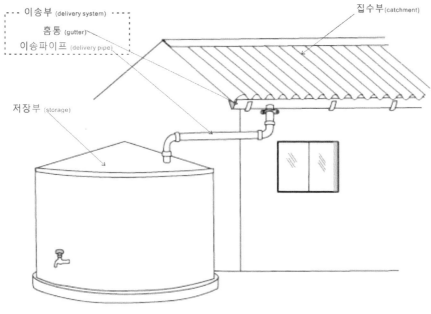

<그림 2.21> 빗물이용시설(손주형, 2014)

빗물이용은 지붕이나 지표면의 불투수층 표면을 타고 흘러내리는 빗물을 물탱크와 같은 용기에 저장해서 먹는 물이나 농업 및 축산용수, 인공함양 등 광범위한 용도로 사용하는 것이다.

빗물이용시설(RainWater Harvest System)은 집수부(Catchment), 이송부(Deliverly), 저장부(Storage)로 구분한다. 가구에 설치된 지붕에 떨어진 빗물 홈통을 타고 물탱크로 이송하는 방식으로, 기존의 지붕을 활용하므로 지붕상태가 빗물이용시설의 성공을 결정하는 중요한 인자이다.

빗물이용시설은 이용자가 거주하는 곳에서 물을 얻고 이용한다는 장점이 있고, 비가 내리는 지역이면 물탱크 용량과 지붕의 면적에 따라서 어디든지 적용이 가능하다. 초기 세척수 배제장치와 지붕을 잘 관리하면 깨끗한 수질의 용수를 공급받을 수 있다.

빗물이용시설은 강수기간에 따른 강수량과 지붕크기에 따라서 공급되는 수량이 산출되고, 예산에 적합한 물탱크를 설치하면 지하수의 수질이 나쁘거나 대규모 개발이 불가능한 지역에서 효율적으로 이용할 수 있다.

□ **장점**

- 기존 지붕을 활용하므로 비용이 저렴하다.
- 거주지에서 용수를 공급할 수 있으므로 이동거리가 작다.
- 대기오염이 심각한 지역이 아니라면 깨끗한 용수를 이용할 수 있다.

□ **단점**

- 건기가 긴 곳에서는 대용량의 물탱크가 필요하다.
- 지붕이나 기존 시설물의 상태에 따라서 소요비용이 결정된다.

<그림 2.22> ADB 기술지원 주민제작 RWHS(캄보디아)

<그림 2.23> 학교용 RWHS(탄자니아, KOICA, 2008)

<그림 2.24> 농가형 RWHS(파푸아뉴기니)

2.6 저수지(Reservoir)

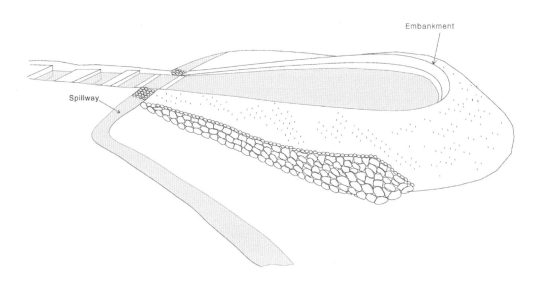

(Modified from RELMA & WAC)

<그림 2.25> 저수지

저수지는 물을 가두는 인공적인 저장장소를 말하며 빗물이나 지표면을 흐르는 물을 저장한다. 커다란 댐에서부터 작물을 재배하기 위해서 집 주변에 파놓은 조그마한 물구덩이도 저수지가 될 수 있다.

저수지는 지역여건에 따라 다양하게 설계하여 적용할 수 있다. 산간지역 계곡에서는 댐을 만들 수 있지만, 폭우가 내릴 때를 대비해서 넘치는 물이 흘러가는 여수로 등의 구조물을 만들어야 한다. 저수지를 만들 때 주변의 바위, 돌, 점토 등을 활용하면 비용을 줄이고 효과를 높일 수 있다.

평지에서 인력이나 기계를 이용해서 땅을 파고 물이 고이도록 만들 수 있지만, 평지에 물을 이용하는 시설을 만들 경우 우기에 마을이 침수될 때 각종 쓰레기나 오염물질이 저수지로 유입되는 현상이 발생한다. 물이 고여 있으면 수인성 전염병과 각종 모기나 벌레의 서식지가 되어 뎅기열이나 말라리아를 전염시키는 역할을 할 수도 있으므로 벌레를 잡아먹는 필라티아(Tilapia)와 같은 물고기를 놓아두면, 모기확산을 막으면서 물고기까지 양식하는 효과가 있다.

□ 적용조건

지형적으로 물이 모일 수 있는 집수유역이 크고, 지표면이 투수율이 낮은 점토층 또는 암반으로 침투와 누수가 적은 산간계곡이 유리하며 평지에도 적절한 설계를 통해서 저수지를 설치할 수 있다.

저수지를 설치할 때 위치선정, 저수지의 용량, 축조재료, 축조형식 등을 검토해서 계획을 세워야 하며 계획저수량을 산정할 때는 수면증발량, 침투량 등을 복합적으로 고려해야 한다.

□ 설치방법

물이 흐르는 것을 차단해서 저장할 수 있는 공간을 만들고, 물이 통과하기 어려운 점토와 같은 불투수성 재료로 벽체를 만들어서 최대한 물을 많이 저장해서 필요한 시기에 이용하도록 하는 것이다.

지형지물을 활용해서 많은 물을 저장할 수 있는 시설을 만들면 더 효과적이지만 일반적으로 내부를 파고 외부는 높인다. 물을 담는 내부바닥과 외부를 이루는 벽체는 점토와 같은 불투수층으로 누수를 최소화하거나, 콘크리트를 이용하여 외부벽면을 만들면 저수효율을 높일 수 있다.

□ 장점

 - 지형현황 및 현장상황에 따라 형태, 재료, 공법 등을 다양하게 적용할 수 있다.
 - 적정한 지형을 이용하면 적은 비용으로 많은 물을 저장할 수 있다.

□ 단점

 - 주변이 개방된 형태로 수질관리가 어렵다.
 - 동물들의 접근을 막기 어렵다.
 - 접근이 용이해 효율적으로 이용·관리·분배에 어려움이 있다.
 - 바람이 많이 불고, 직사광선이 많은 곳에서는 증발량으로 발생하는 손실이 많다.

<그림 2.26> 펜스를 설치한 저수지(캄보디아)

[사진: 박현주]

<그림 2.27> 저수지(에티오피아)

<그림 2.28> 저수지(캄보디아)

<그림 2.29> 응급 구호용 저수지(케냐)

2.7 모래집수댐(Sand Dam)

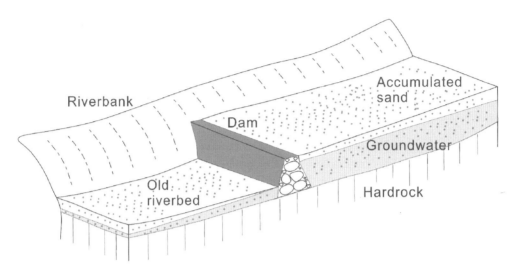

(Modified from L. Borst, S. A. de Haas, 2006)

<그림 2.30> Sand Dam

모래집수댐(Sand Storage Dam)은 평상시 건천을 이루는 하천이 비가 오면 상류에서 떠내려 오는 탁류에 포함된 모래를 모으는 댐이다.

모래집수댐의 주요한 기능은 상류에서 흘러내리는 조립질의 모래를 퇴적시켜, 하천의 모래퇴적층에 물 저장능력을 확대하는 것이다.

우기에 일시적인 강우가 내려서 하천에 물이 흐르게 되면, 모래층에 물이 저장된다. 댐으로 막고 있던 모래층에 지하수위가 상승하여, 건기에 퇴적된 모래 속에 저장된 물을 관정이나, 웅덩이를 만들어 이용할 수 있다.

아건조 지역 댐은 증발산작용으로 많은 양의 손실이 일어나지만, 모래 속에 저장된 물은 증발산이 상대적으로 작아 저장효율이 높아진다. 또한 지하수위를 상승시키고, 지하수로 침투되는 시간을 증대함으로써, 주변지역의 지하수를 더 풍족하게 사용할 수 있다.

우기에 일시적으로 흐르는 많은 하천들이 모래나 점토성분이 포함되어 탁도가 높아서 직접적인 채수가 어려운 곳이 많이 있지만, 인근에 관정을 뚫거나 모래댐을 통해서 얻는 물들은 모래필터를 거치는 과정과 동일한 원리로 탁도가 낮아져 깨끗한 물을 얻을 수 있다.

□ 적용 및 설치조건

모래집수댐은 돌, 벽돌, 시멘트를 이용한 석조댐(Stone-masonry dam)을 만들 수 있다. 댐을 건설하는 재료는 주변지역에서 쉽게 구할 수 있는 재료로 사용한다. 콘크리트댐(Reinforced concrete dam)은 견고하지만, 콘크리트 구조물을 만드는 것으로 비용이 비싸다는 단점이 있다. 흙댐(Earth dam)은 진흙이나 실트질 진흙과 같은 불투수층 재료로 댐을 만든 것이다. 흙댐은 다른 댐에 비해서 저렴할 수 있지만, 흙댐의 지하로 물이 새는 경우에는 파손될 수 있으므로, 전문기술자나 경험이 많은 기술자가 참여해야 한다. 모래집수댐의 저장능력은 퇴적된 모래가 가지고 있는 공극률을 약 35%라고 보면 모래부피의 35%로 저장할 수 있다.

□ 장점

- 퇴적된 모래 속에 물이 있어 바람이나 햇빛에 의한 증발산을 방지한다.
- 가축이나 동물들의 영향을 받지 않고 퇴적된 모래층을 통해서 필터링되므로, 말라리아의 유충이나 각종 벌레의 활동을 저감시킨다.
- 퇴적된 모래층에 들어 있는 물이 장기간 동안 지하수로 함양(Recharge)되므로 주변지역의 지하수 이용에 도움을 준다.
- 모래집수댐 내측으로 조립질의 모래가 퇴적되므로 모래를 판매하거나 퇴적된 모래를 이용해서 주변지역에 건설자재로 이용할 수 있다.
- 하천의 바닥면의 침식을 줄여준다.

□ 단점

- 모래댐을 만들기 위해서는 장기간 많은 인력이 필요하다.
- 모래댐에 적합한 하천이 있어야 한다.

<**표 2.3**> 시설별 저장용량당 건설비용

구 분	건설비용($)/1m³	
	최소	최대
모래집수댐(Sand dams) & 지하댐(Sub-surface dams)	0.40	0.80
저수지(Run-off open reservoirs)	1.80	3.00
지하탱크(Underground tanks)	2.40	14.00
지상탱크(Above ground tanks)	18.00	60.00

출처: Excellent, Sand dams brochure

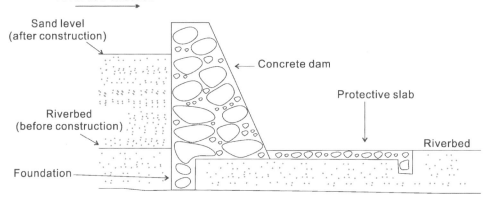

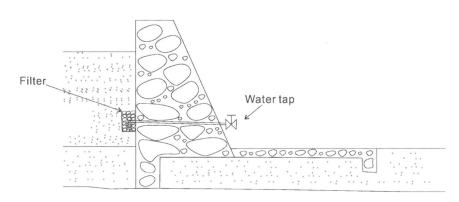

<**그림 2.31**> Sand Dam 단면도 및 파이프 활용

2.8 안개이용(Fog harvesting)

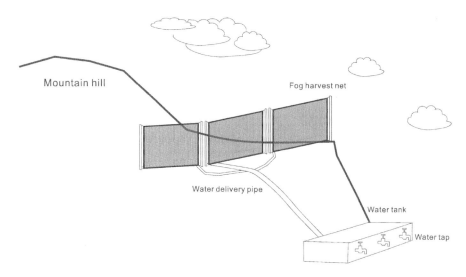

<그림 2.32> 언덕을 이용한 마을단위 안개이용

과테말라, 칠레, 에리트레아, 예맨, 네팔, 에티오피아와 같이 고산지대의 안개나 구름이 많이 끼는 곳에서는 안개를 집수(Fog harvesting)하여 용수를 얻을 수 있다.

안개이용은 안개가 많이 끼는 곳에서 물방울이 맺힐 수 있는 네트를 설치해서, 네트 하단부로 떨어지는 물을 물탱크에 저장하여, 안전한 식수를 얻을 수 있다.

안개이용을 위한 네트는 쉽게 구할 수 있고, 오후에 직사광선으로 미생물 성장을 억제하고, 대기오염만 심각하지 않다면 깨끗한 수질을 유지할 수 있다.

네트의 설치위치는 예비 실험(Pilot test)를 통해서 산출량과 수질, 관리 등을 고려해서 결정해야 한다.

□ 장점

- 안개이용은 전문적인 기술이 필요 없이 간단한 기술로도 설치가 가능하다.
- 안개이용은 높은 곳에 설치하기 때문에 물을 이동하는 데 에너지가 소모되지 않는다.
- 수리를 하거나 관리하는 데 비용과 노력이 적게 소요된다.
- 산간지역에서 다른 용수원에 비해 설치비용이 작게 소요된다.
- 대기오염이 없는 곳에서는 수질이 뛰어나다.

□ **단점**

- 안개가 많이 발생하는 지역에서만 적용이 가능한다.
- 예비실험(Pilot test)을 통해 산출량과 계절에 따른 변동성 등을 확인해야 한다.
- 기후조건 변동에 따라서 산출량이 크게 변화하므로 갑작스러운 기후변화 발생 시 대체수원의 검토가 필요하다.
- 일부 해안지역에서는 안개로 식수를 만들 수 있지만 염소, 질소와 같은 원하지 않는 성분이 축척되어 먹는 물 기준에 적합하지 않는 경우도 발생한다.
- 장치설치에 따른 풍경, 식물상, 동물상의 변화를 최소화하는 노력이 필요하다.

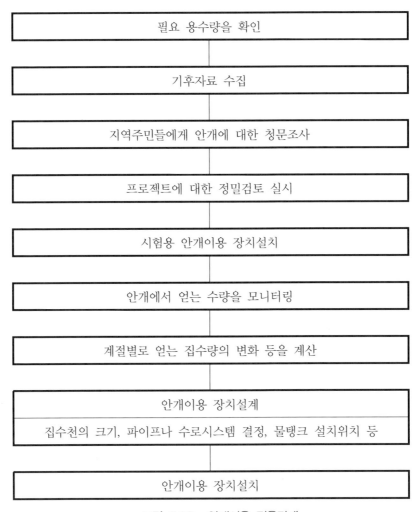

<그림 2.33> 안개이용 적용단계

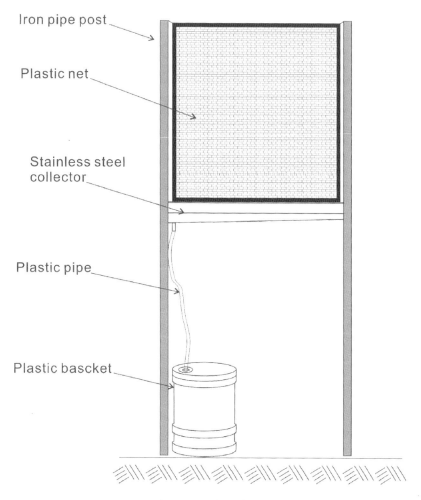

Iron pipe post

Plastic net

Stainless steel collector

Plastic pipe

Plastic bascket

<그림 2.34> 안개이용 집수대

2.9 표층수 집수(Floating Intake)

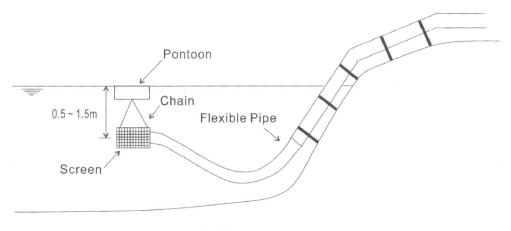

<그림 2.35> Floating Intake

　하천 또는 강에서 용수를 직접적으로 얻는 방법으로 많은 국가의 하천은 한국의 하천처럼 맑지 않고, 점토질이 떠 있다. 하부에 흐르는 물은 탁도가 높고 오염물질이 퇴적되어 있으므로 철제드럼통이나, 플라스틱 통과 같이 물에 뜨는 장치를 만들어서 표층수를 강이나 하천에서 얻을 수 있다.

　유속이 빠른 곳에서는 떠 있는 장치에 고정할 수 있는 닻을 설치해서 멀리 흘러가지 않도록 한다. 홍수 시 유속이 빨라져 이용시설의 위치조절이 힘든 곳에서는 철제 창살과 같은 일정한 공간이 있는 구조물을 만들어 취수시설물이 파손되지 않도록 한다.

□ 장점
　- 비교적 깨끗한 물을 얻을 수 있다.
　- 육안으로 운영형태를 관리할 수 있다.

□ 단점
　- 지역마다 차이가 많이 난다.
　- 홍수가 나는 지역에서 적용이 어렵다.
　- 원수에 탁도나 오염이 심한 경우에는 별도의 정수시설이 필요하다.

<그림 2.36> 부유형 집수장치(에티오피아)

<그림 2.37> 부유형 집수장치(케냐)

제3장

펌프시스템
(Water Lifting)

우물의 로프와 버킷(양동이)은 가장 전통적인 물을 올리는 방식이다. 지하수위가 깊거나, 많은 양이 필요한 지역에서는 이용이 어렵고 여성이나 어린이가 물을 얻기에는 많은 노동력이 필요하다는 단점이 있다. 그렇지만 저렴하고 쉽게 구할 수 있는 로프와 양동이만 있으면 용수를 이용할 수 있고, 도르래를 설치하면 이용하는 힘을 많이 줄일 수 있다.

일반적으로 사용하는 물을 올리는 장치는 Lifting Device라는 단어를 사용하고, 가장 대표적인 것이 펌프이다. 펌프(Pump)는 압력을 이용하여 액체나 기체의 유체를 수송하거나, 저압의 용기 속에 있는 유체를 관을 통하여 고압의 용기 속으로 압송하는 기계를 말한다.

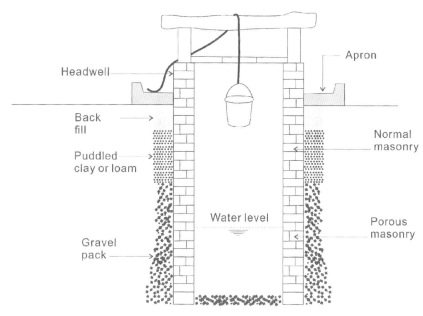

(Modified from WHO)

<그림 3.1> 로프와 버킷(Rope and Bucket)

<그림 3.2> 로프와 버킷 이용 우물(캄보디아)

펌프도 에너지나 주요 기작에 따라서 다양하게 나눌 수 있다. 사용하는 용량과 예산, 관리주체의 보수능력에 따라 적정한 펌프 종류를 결정하는 것이 필요하다. 펌프는 용수를 개발하는 비용에 비해서 상대적으로 저렴하지만, 최종적으로 물을 이용하는 도구로 프로젝트의 성공과 실패를 결정하는 경우가 많이 있다. 실제 용수개발은 잘 되었지만, 펌프의 내구성이나 적정성의 실패로 용수를 사용하지 못하는 경우를 쉽게 볼 수 있다.

펌프가동전력으로 발전기를 설치했지만 주유소와의 거리가 너무 멀어서 연료공급이 원활하지 못해 사용하지 못하는 경우도 있고, 최신형 태양광발전용 수중모터펌프를 설치했지만, 간단한 수리 기술자나 부품을 찾을 수 없어서 방치하는 경우도 흔하게 나타난다. 간단한 펌프를 설치했지만, 소모품을 구하기 어렵거나 관리주체가 없어서 아무도 수리를 하지 않는 등 사회 전반적인 인식구조와 같은 다양한 검토가 필요하다.

수리 기술자를 구할 수 없는 마을이라면 최신 기술은 아니지만 널리 보급된 구식펌프를 설치하는 것이 필요하다. 기술이 낮고 성능이 떨어지더라도 현지에서 가장 잘 활용될 수 있고, 수리가 용이한 펌프를 찾는 것이 중요하다. 현지 주민과 현지전문가의 청문조사를 통해 발생할 수 있는 문제점을 파악하고, 사업지구 인근에서 펌프수리 경험이 있는 사람, 자전거를 수리할 수 있는 사람, 오토바이를 수리할 능력이 있는 구체적인 기술자 등 충분한 조사를 통해 적합한 펌프를 결정해야 한다.

펌프를 선정하기 위해서 필요한 조사인자를 나열하면 <표 3.1>과 같다.

<표 3.1> 펌프선정 고려인자

구 분	내 역
사용자 수 (User group)	일반적인 소형펌프는 가정용이나 몇 가구가 같이 사용하는 용도로 설계되어 있으므로 100가구 이상일 경우에는 마을단위로 이용할 수 있는 펌프를 고려해야 한다.
	설치위치에 따라서 사용자 수가 달라질 수 있으므로 용수가 공급될 경우에 실사용자의 수를 산정하여야 한다. 주변에 용수가 없는 지역이면 먼 곳에 있는 사람들도 건기에 설치지점으로 몰리게 된다.
산출 가능량 (Capacity yield)	우물이나 관정이 가지고 있는 물을 산출할 수 있는 능력으로 용수원의 산출량에 비례하여 적정한 용량의 펌프를 설치해야 한다.
양정 (Pumping lift)	물이 있는 곳에서 사용하는 곳까지 올려야 되는 높이로 흡입펌프는 7m, 직접작용방식은 15m까지 가능하지만, 수심이 더 깊은 경우에는 고심도펌프가 필요하다. 핸드펌프도 양정에 따라 설치할 수 있는 종류가 달라진다.
내식성 (Corrosion resistance)	펌프의 재질 등을 파악해서 부품들이 물과 항상 접촉하므로 녹이 발생해서 작동이나 물맛에 문제를 일으킬 수 있다.
수리용이성 (Ease of repair)	관정의 실제 산출 가능량으로 물의 산출량이 필요량보다 작을 경우에는 대형 펌프를 과도하게 설치할 필요가 없고, 부품이 작은 펌프일수록 수리가 간단하다.
수리역량 (Capacity of repair)	펌프의 수리 예상주기 등에 따른 인근지역이나 출장 가능한 지역에서 수리기술자 존재여부 및 수리부품의 수급여부 등을 고려하여야 한다. 펌프수리 경험자, 자전거수리 경험자, 자동차수리 경험자 등으로 수리역량에 대한 조사가 필요하다.
물이용조직 (WUG)	기존의 물이용조직의 존재여부 및 활동정도, 주민들의 주인의식, 이용부담금 부담방식 등에 따라서 펌프시설의 지속능력이 판단된다.

펌프별로 적용되는 예산에 대해서는 많은 차이가 있지만, 물을 7m에서 올린다고 가정할 때 초기 투자비용과 $1m^3$의 산출에 따른 비용을 계산한 결과이다. 많은 곳에서 지하수위가 7m보다 훨씬 이하에 있을 경우에는 더 많은 비용이 소요된다.

또한 많은 물량을 일시에 원할 경우에도 더 많은 비용이 소요되고, 펌프설치 이외의 다른 파이프시스템에 관련된 비용은 포함되어 있지 않으므로 적용에는 모든 곳에 적용에는 무리가 있다.

　<표 3.2>는 USAID(2009)에서 7m 양정에서 충분한 수원(Water Source)을 가정하여 추가적인 파이프시스템과 부대시설을 고려하지 않은 농업용수에 적용하고자 할 때 개략 산출금액이다. 물탱크와 식수로 이용하거 상대적으로 수위가 깊은 지역에서는 모터용량 변화 등이 발생하여 적용이 어려우니 주의가 필요하다.

<표 3.2> 7m 양정의 농업용 펌프별 상대적 비용(USAID, 2009)

적용 펌프	구매가격	사용에너지	최대양정(m)	7m 산출량(m³)''	m³당 투입비용
Treadle pump	$100	$0.25/h labor	7	4	$0.06
Manual 2-cylinder suction pump	$120	$0.25/h labor	7	4	$0.08
Manual rope & Washer	$200	$0.38/h labor	20	12	$0.32
Diesel suction Pump	$700	0.4L/h	8	40	$0.02
Gasoline centrifugal pump	$400	0.4L/h	6	19	$0.04
Submersible electric pump*	$2,800	2.24kw	70	9	$0.14
Submersible diesel pump*	$2,800	1L/h	70	9	$0.14
Solar pump*	$2,736	0	70	1.6	$0.06
Wind electric pump*	$4,000	0	240	1	$0.19

* 외부파이프 미포함(펌프 포함).
** 7m 관정에서 펌프에서 산출하는 수량을 풍부하게 공급한다고 가정함.

주의: 만약 7m 양정의 변화가 생긴다면, 적용되는 모터의 용량 등이 변경되어 적용 불가능함.

3.1 버킷펌프(Bucket Pump)

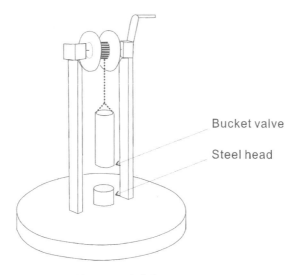

Bucket valve

Steel head

<그림 3.3> 버킷펌프(Bucket Pump)

버킷펌프는 윈치(Windlass)와 버킷(Bucket), 연결 철제 와이어나 로프로 구성된다. 관정의 굴착구경보다 작은 125mm 내외의 PVC로 만든 버킷이 수위하부로 내려가면서 버킷 하부 밸브가 열리고 버킷을 올리면 밸브가 닫혀서 물이 흘러내리지 않는다. 물이 차 있는 버킷을 올릴 때 윈치를 이용한다.

강도를 가진 철제 등으로 버킷을 만들 수 있지만, 비용이 저렴하고 무게가 가벼운 플라스틱을 많이 이용한다. 물이 채워지면 버킷의 무게가 많이 나가기 때문에 강도를 가진 다양한 재질로 만들 수 있다.

□ 장점
  - 양수량이 작은 관정을 경제적으로 이용할 수 있다.
  - 유지관리에 특별한 기술이나 비용이 많이 들지 않는다.

□ 단점
  - 많은 주민들이 사용하지 못하고, 주인의식이 떨어질 경우에 파손이 잦을 수 있다.
  - 로프 문제로 버킷이 관정내부에서 끼어버리면 수리가 불가능할 수 있다.

3.2 핸드펌프(Hand Pump)

일반적으로 사용하는 핸드펌프는 크게 Suction pump, Direct action pump, Rotary pump, Level action pump로 구분할 수 있다. 펌프별로 물을 올릴 수 있는 개략적인 양정 높이는 <표 3.3>과 같다.

핸드펌프는 오랜 기간 동안 지역이나 제조사에 따라 다양하게 생산되고 있다. 1970년 대 인도에 대규모 가뭄이 발생하였을 때 인도정부, UNICEF, WHO가 공동으로 개발한 India Mark Ⅱ 모델은 지표면에서 50m 이하까지 있는 지하수를 이용하도록 개발되었다.

<표 3.3> 핸드펌프별 양정

구 분	양 정(m)
Suction pumps	0∼7m
Direct action pumps	0∼15m
Rotary Pump(Rope Pump)	0∼15m
Level action pumps	5∼55m

<그림 3.4> 다양한 형태의 인력펌프(탄자니아)

3.2.1 Suction Hand Pump

국내에서도 많이 사용하였던 펌프로 실린더와 밸브 등과 같이 간단하게 물을 올릴 수 있는 구조로 되어 있다. 일반적으로 7∼8m 정도까지 물을 올리는 것이 가능하지만 최대 10m까지도 흡입을 할 수 있다.

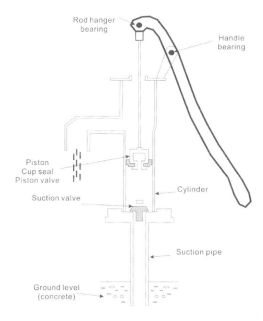

(Modified from Practical Action)

<그림 3.5> Suction Pump 개념도

<그림 3.6> 흡입 핸드펌프(캄보디아)

□ 장점

- 저렴한 비용으로 설치할 수 있다.
- 수리부품이 단순하여 유지관리가 용이하다.
- 충적층의 물이 많고, 수위가 깊지 않는 지역에서 사용할 수 있다.

□ 단점

- 많은 사람이 이용할 경우에는 내구성 문제가 발생한다.
- 수위가 깊은 곳에서는 사용하기 어렵다.

3.2.2 Direct Action Pump

직접적인 힘을 가하는 방향으로 물을 올리는 펌프로 PVC나 HDPE와 같이 저렴한 재질로 만들어 펌프가격이 저렴하다. 어린이는 7m 정도의 물을 올릴 수 있고 어른은 최대 15m까지 가능하지만 12m가 적정한 사용범위이다.

인력으로 힘을 주기 위해서는 바닥면이 안정성을 가지는 구조여야 되므로, 바닥 기초 및 펌프의 설치된 바닥면(Standing Plate)을 튼튼하게 설치해야 한다.

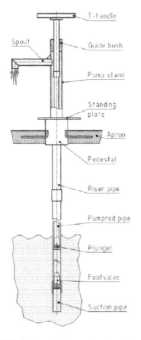

<그림 3.7> Direct Action Pump
개념도(UNICEF, 2010)

<그림 3.8> Direct Action Pump(캄보디아)

□ **장점**

- 저렴한 비용으로 설치할 수 있다.
- 수리부품이 단순하다.

□ **단점**

- 내구성이 약하다.

3.2.3 Level Action Pump

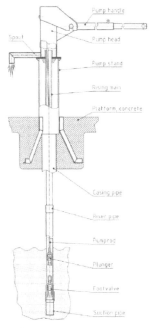

<그림 3.9> Level Action Pump
개념도(UNICEF, 2010)

<그림 3.10> Afridev Hand Pump(캄보디아)

손잡이에 연결된 칼럼의 피스톤을 이용하여 물을 올리는 원리이며 국가별 제조사에 따라서 다양한 제품들이 개발되어 판매되고 있다.

India Mark Ⅱ로부터 오랜 기간 동안 여러 나라에서 지속적으로 문제점을 개량하면서 개선품들이 널리 보급되었다. 지역마다 제조사가 다르기 때문에 조금씩 차이가 있지만, 원리는 동일하다. 피스톤이나 각종 부품들이 제조사마다 재질 및 내구성에서 차이가 있으므로, 어떤 제조사에서 생산하느냐에 내구성이나 성능의 차이가 있다.

개발도상국의 많은 지역에서 손쉽게 구할 수 있고, 가장 많이 보급된 제품이므로 부속품이나 수리 등에 적합하다.

<표 3.4> Level Action Pump 제원

구 분	명 칭	설치가능심도(m)	양수능력(m: head)	가구 수
Medium depth well	Jibon Pump	0~15	1.2㎥/hour(15m head)	5~10
	Walimi Pump	2~40	1.0㎥/hour(15m head)	25~30
Deep Well	Afridev	10~45	0.7㎥/hour(30m head)	30~50
	Indus, Kabul and Pamir	10~45	0.7㎥/hour(30m head)	30~50
	India Mark II	10~50	0.8㎥/hour(30m head)	30~50
	India Mark III	10~50	0.8㎥/hour(30m head)	30~50
	U3M Pump	10~45	0.6㎥/hour(30m head)	30~50
Extra Deep	Bush pump	5~80	0.7㎥/hour(30m head)	30~50
	Votanta Pump	10~80	0.2㎥/hour(80m head)	30~50
	Verget Hydropump	10~60	0.65㎥/hour(30m head)	30~50

□ 장점

- 깊은 심도부터 낮은 심도까지 다양한 관정에서 적용이 가능하다.
- 기계 부품 및 에너지 소비가 없고, 수리가 간단하다.
- 많은 곳에 널리 보급되어 유지·관리·보수가 용이하다.

□ 단점

- 내구성 문제가 발생하므로 주기적인 소모품 교환 등이 필요하다.
- 물이용조직(WUG)이 구성되어 있지 않을 경우 관리의 주체가 모호해진다.
- 펌프능력의 한계로 관정의 용량을 충분히 활용하지 못할 수 있다.

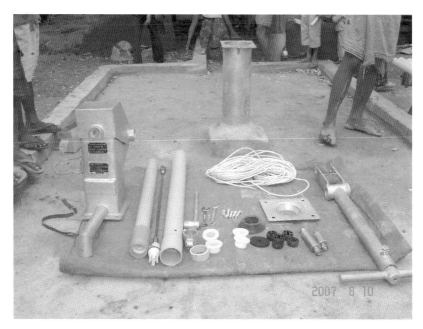

[사진: 김진호]

<그림 3.11> Level Action Pump 부품(캄보디아)

[사진: 김진호]

<그림 3.12> Level Action Pump 설치작업(캄보디아)

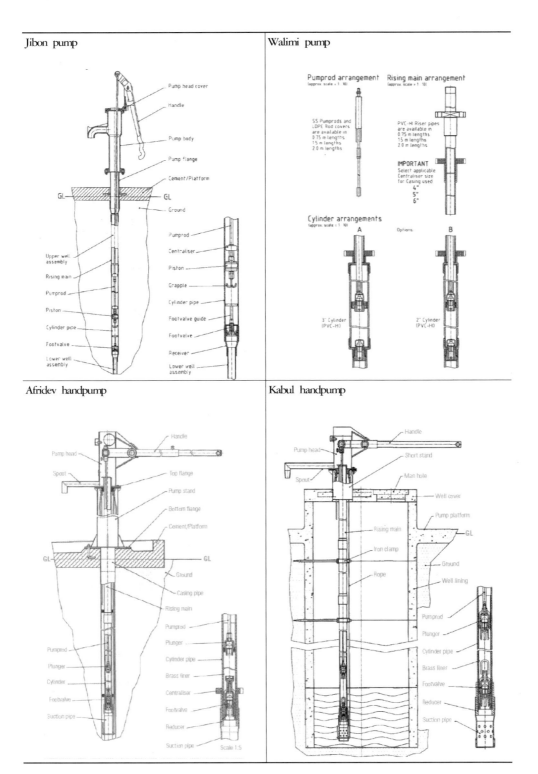

<그림 3.13> 다양한 Level Action Pump(UNICEF, 2010)

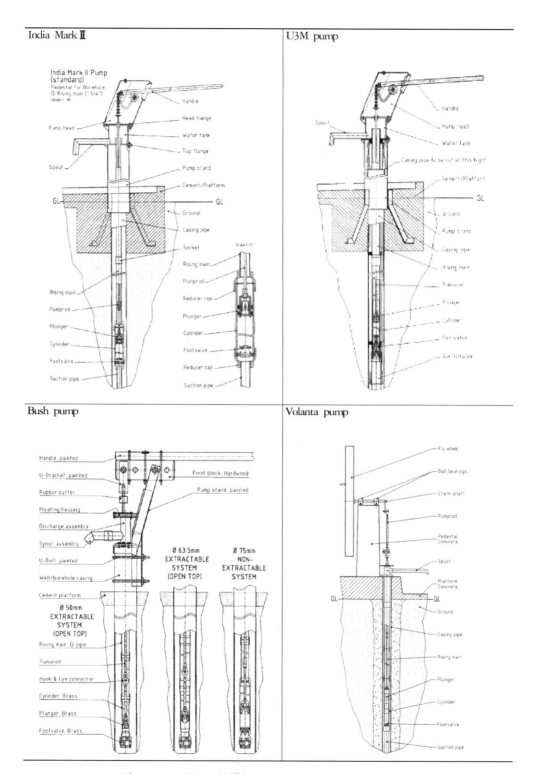

<그림 3.13> (계속) 다양한 Level Action Pump(UNICEF, 2010)

3.3 로프펌프(Rope Pump, Rotary Pump)

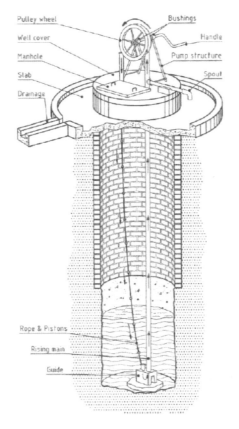

<그림 3.14> 로프펌프 개념도(UNICEF, 2010)

파이프에 고무재질의 피스톤이 물이 빠져나가지 않도록 하는 원리로 최대 50m까지 올릴 수 있다. 회전펌프(Rotary Pump)로 불리기도 하지만, 로프펌프(Rope Pump)라는 이름으로 통용된다. 원리가 간단해서 다양한 형식과 제품으로 판매되거나 약간의 기술만 있다만 직접 제작할 수 있다. 로프펌프에서 가장 중요한 부위는 파이프를 막아주는 피스톤으로, 성능에 따라 효과가 달라질 수 있다.

설치가 쉽고 가격이 저렴한 반면, 지속적으로 관리와 교환을 해야 적절한 성능을 발휘할 수 있다. 파이프를 막는 피스톤은 타이어 재질, 나무, 실리콘 등이나 공장에서 생산된 부품을 이용한다. 움직이기 편리하도록 돌아가는 휠 부분에 손이나 머리카락 등이 끼이는 것을 방지하는 덮개가 있는 것도 있다.

□ 장점

 - 기술적인 어려움이 거의 없는 것으로 이루어져 있다.

 - 유지보수가 용이하다.

 - 저렴한 가격으로 자체적으로 제작할 수 있다.

□ 단점

 - 내구성이 많이 떨어지므로 지속적인 유지, 교환, 보수가 필요하다.

 - 많은 사람이 이용할 경우에는 파손의 위험이 많다.

<그림 3.15> 로프펌프 모형

<그림 3.16> 농업용 로프펌프(파푸아뉴기니, 한국발명진흥회)

<그림 3.17> 로프펌프 도르래(에티오피아)

3.4 수중모터펌프(Submersible Pump)

수중모터펌프는 다양한 양정과 마력 등으로 선택할 수 있는 폭이 넓다. 일반적으로 지하수를 개발해서 편리하게 사용하는 방법이지만 수중모터펌프를 설치하기 위해서는 전기를 어떻게 해결할 것인지에 대한 검토가 필요하다.

수중모터펌프는 일체형으로 되어 있지만, 하부에는 모터가 있고, 상부에는 펌프가 있다. 고장이 날 경우에도 모터나 펌프가 동시에 고장 나기보다는 각각 고장이 나는 경우가 많으므로 수리할 때 동시에 모든 제품을 교환할 필요는 없다. 그렇지만 한번 인양해서 다시 설치하는 비용을 고려할 때 전체를 교환하는 것이 더 경제적일 경우도 있다.

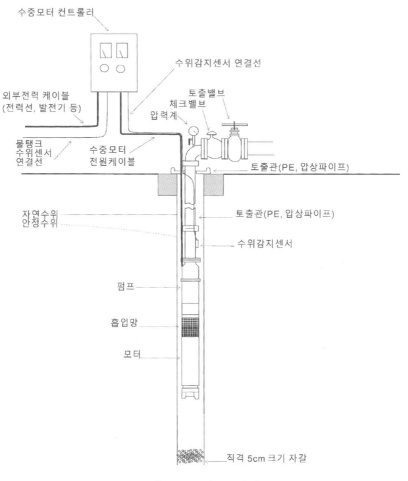

<그림 3.18> 수중모터펌프

펌프는 임펠라(impeller)가 돌아가면서 물을 올린다. 만약 지하수에 이물질이 많은 경우에는 임펠라의 파손이나 마모가 빨리 발생된다. 지역적인 지질특성이나 우물특성으로 퇴적물이 쌓이거나 임펠러에 광물질 코팅현상 등이 발생하는 경우도 있으니 특이사항 등은 청문조사를 해야 한다.

수중펌프를 설치할 때에는 크게 수중모터펌프, 전원부(발전기), 컨트롤 판넬 부분으로 나뉘고, 컨트롤 판넬(control panel)은 수중모터펌프와 전원 사이에서 적정한 작동이 가능하도록 스위치와 퓨즈 등으로 이루어진다.

수중모터펌프에 전기를 공급하는 방법으로는 발전기, 태양광발전, 전력선 인입 등이 있다. 가장 이상적인 방법은 전력선을 인입하고 전력이 불안정한 곳에서는 비상발전기를 설치하는 것이다.

[사진: 오세봉]

<그림 3.19> 수중펌프(케냐)

<그림 3.20> 수중모터펌프 설치(케냐)

<그림 3.21> 수중모터펌프 설치(방글라데시)

3.4.1 발전기전원시스템

    다양한 분야에 가장 일반적인 전원공급시스템으로 수리기술자가 많이 있다. 자동차와 비슷한 구조로 자동차 수리기술자는 수리가 가능하고, 수리부품, 연료 등의 수급이 용이하다.

○ **장점**
- 주유소만 인근에 있다면 안정적으로 전원을 공급할 수 있다.
- 수중모터펌프 가동 외에도 다른 용도로도 활용할 수 있다.
- 발전기가 많이 보급되어 있어 수리기술자를 구하기가 쉽다.

○ **단점**
- 주유소가 너무 멀리 있거나 유류공급이 어려운 지역에서는 연료공급이 어렵다.
- 유류비와 발전기, 수중모터펌프 수리비용 적립을 위해 물이용조직(WUG)이 필요하다.

<그림 3.22> 디젤발전기(에티오피아)

3.4.2 태양광발전시스템

<그림 3.23> 태양광발전시스템(KOICA, 2010)

과거에는 초기 설치비가 많이 들지만, 설치하면 최소의 운영 경비만 필요하다는 장점으로 많이 설치되었지만, 수리기술자와 수리부품 등의 수급문제로 많이 실패하였다.

그러나 최근에는 태양광발전 제품의 비약적인 발전과 대량생산에 따른 가격인하 등으로 과거에 비해서 내구성이 좋아져 적용성이 점점 높아가고 있다.

○ 장점
- 별도의 연료가 필요하지 않아 운영비용이 적게 든다.
- 가장 친환경적인 에너지이다.

○ 단점
- 초기 설치비용이 비싸다.
- 태양광발전 설비에 포함된 축전지, 변환장치 등의 부품 및 고장 진단을 위한 숙련된 기술자의 수급이 오지일수록 어렵고, 부품 단가, 출장비용이 상승한다.

3.4.3 전력선 인입

전력선 인입은 가장 안정적인 방법이지만, 국가마다 설치에 소요되는 행정 처리시간, 건·우기 전력수급에 따른 정전 발생 등의 변수를 가지고 있다. 일반적으로 아프리카 지역에서는 전봇대와 전력선이 지나가도, 6개월 이상 소요되는 경우가 많이 있고, 프로젝트 지역과 송전선로가 멀리 있으면 전선 및 전봇대 설치비용이 상승할 수 있다.

○ **장점**
- 유지관리가 편리하다.
- 전기가 없는 마을인 경우에는 전력선 인입공사로 마을 주민들이 전기혜택을 누릴 수 있다.

○ **단점**
- 건기에 정전이 많이 일어나는 지역에서는 용수필요 시기에 사용하지 못한다.
- 전력망과 거리가 멀 경우에는 전기가설 공사비가 많이 소요된다.
- 전력선 인입공사에 필요한 행정서류 및 행정절차에 따른 많은 시간이 소요될 수 있다.

<그림 3.24> 전력선 인입용 변압기(에티오피아)

3.5 태양광펌프시스템(Solar Water Pump)

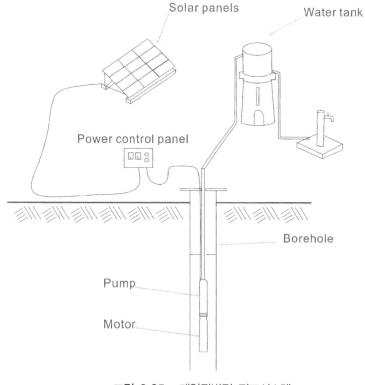

<그림 3.25> 태양광발전 펌프시스템

최근에 가장 많이 보급되는 형태는 태양광을 이용한 수중모터펌프 설치이다. 1976년
에 태양광 모듈의 가격이 W(와트)당 76USD에 이른 것이 최근에는 1USD 이하로 하락
되어, 설치비용이 낮아지고 있다.

모듈의 생산단가가 하락되어서 점점 많이 보급될 것으로 예상된다. 초창기에 비해 최
근의 제품들은 기술향상과 저비용으로 비약적으로 발전하고 있다.

태양광 모듈은 전기공급이 어려운 곳에서는 조명이나 휴대폰 충전 등의 다양한 제품
이 있고, 태양광 모듈에 수중모터펌프를 결합한 일체형 제품도 많이 판매되고 있다.

초기에는 직류수중모터펌프를 중심으로 개발되거나, 교류모터의 경우에는 대규모 태
양광 모듈을 설치하였지만 최근에는 기동전력용량을 낮추기 위해 주파수를 변조하여 교
류수중모터펌프의 저속기동이 가능하도록 개발되어 보급되고 있다.

태양광 모듈은 가정용 수중모터에 설치하여 작은 물탱크에 저장하거나, 마을단위 급수 시스템은 수중모터펌프에 태양광발전 모듈을 설치하고 대형 물탱크에 보관하여 배터리가 전기를 보관하는 방식이 아닌 양수된 물을 보관하는 방식으로 적용하고 있다.

태양광 모듈은 밤에 사용할 수 없는 단점이 있지만, 물탱크용량만 대용량으로 한다면, 태양이 있는 낮 시간에 물을 물탱크에 저장하고, 저녁부터 아침까지 물을 사용하는 시스템을 구성할 수 있다.

태양광 모듈은 모터와 연결하여, 수중모터펌프 이외에도 로프펌프의 회전이나, 피스톤 펌프의 구동 등 다양한 펌프와 조합하여 적용할 수 있다.

태양광발전 펌프에 컨트롤러는 태양광 전력특성과 수중모터 펌프에 적합한 것으로 개발되고 있다. 수중모터펌프와 태양광 전원을 연결하는 컨트롤러 역할에 따라서 많은 기동전력 없이 모터펌프를 가동 하는 시스템을 만들 수 있다. 낮은 전력에서도 수중모터펌프를 천천히 돌려주는 기능이 있는 컨트롤러의 경우에는 초기 기동전력을 위한 태양광 판넬 수량을 줄여주는 역할을 한다. 컨트롤러는 모터의 과부하조건에서 모터 가동을 중지시키거나 지하수위가 없을 때 모터가 과열되는 것을 방지한다. 태양광 모듈과 수중모터가 결정되면, 이용패턴에 맞는 적정한 컨트롤러 설치로 제품 내구성이나 효율성을 높일 수 있다. 수중모터펌프나 태양광 판넬의 고장이 발생하기도 하지만, 컨트롤러 고장사례도 빈번하므로, 수리가 용이한 제품을 선택해야 한다.

<그림 3.26> 태양광 수중모터펌프 컨트롤러(인텍에프에이)

<그림 3.27> 수중모터펌프와 태양광 수중모터펌프 컨트롤러(파푸아뉴기니)

<그림 3.28> 태양광발전 판넬(탄자니아)

<그림 3.29> 태양광발전 농업용수 공급시스템(방글라데시, KOICA)

<그림 3.30> 태양광 관련 제품 판매점(파푸아뉴기니)

3.6 풍력펌프(Windmill Pump)

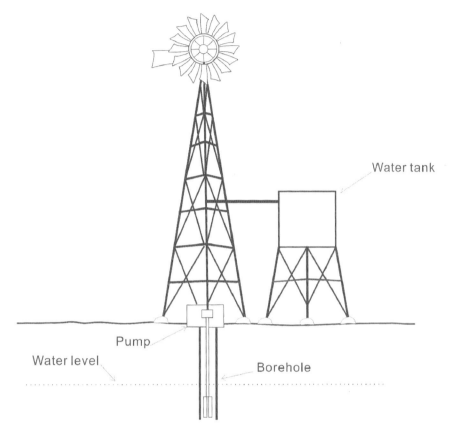

(Modified from WHO, 2003)

<그림 3.31> 풍력펌프

바람의 힘을 이용한 풍차를 돌리고, 회전에너지로 피스톤을 가동시켜 물을 올린다. 자연에너지를 사용하는 장점이 있지만, 바람속도를 조절할 수 없기 때문에 급작스러운 강풍으로 과도한 피스톤 운동이 발생할 수 있다. 내구성 측면에서는 강력한 풍속보다는 일정한 풍속이 더 중요하다. 풍속의 변화폭이 너무 클 경우 최대풍속 기준으로 베어링이나 모든 부품이 설계되므로 낮은 풍속에서는 활용이 어렵다.

바람이 너무 심하게 불어 회전날개나 감속기가 파손되기도 한다. 최대풍속 및 풍속자료가 많은 곳에 설치하여 풍차가 돌아가는 일정한 속도가 가장 중요하다.

<그림 3.32> 풍력펌프(에티오피아)

회전날개는 철재로 만들고 펌프는 PVC 파이프로 만든 저렴한 제품도 있지만, 작동부위 내구성 문제로 설치하고 얼마 지나지 않아서 사용하지 못하는 경우가 많이 있으므로 적절한 유지보수로 고장이 발생하기 전에 소모품이나 마모된 부품을 교환해야 한다.

운영유지 비용이 필요하지 않아 물값(Water Tariff) 징수에 어려움이 있을 수 있으므로, 수리 및 소모품 비용을 적립해야 한다.

<그림 3.33> 소규모 풍력펌프 및 피스톤 펌프 부분(캄보디아)

3.7 지상양수펌프(Ground Water Lift Pump)

얕은 우물에 가정용이나 소규모 상업시설에서 널리 사용하고 있어, 국가마다 다양한 형태의 지상양수펌프가 판매되고 있다.

다양한 원리의 양수펌프가 있으며, 전기를 이용하거나 유류를 직접적으로 사용하는 등 다양한 모터와 펌프로 조합하여 사용되고 있다. 소규모 시설에서 사용하기 충분하고, 지하수위가 10m 내외인 관정에서 적정하다.

제트펌프는 판매되는 제품이 지역마다 다양하므로 용수원 현황, 필요수량, 가격, 수리 여건 등을 고려하여 선택할 수 있다.

<그림 3.34> 양수펌프(캄보디아)

<그림 3.35> 제트펌프(탄자니아)

<그림 3.36> 가정용 제트펌프(베트남)

3.8 페달펌프(Pedal Pump)

　자전거를 이용하는 방식으로 자전거 페달을 밟으면서 생기는 회전에너지를 펌프에 이용한 것이다. Mayapedal(mayapedal.org)에서는 로프펌프에 자전거를 연결하는 방식으로 개발되어 있고, 양수기를 연결해서 물을 올리는 방식도 사용되고 있다.

　폐자전거를 이용하거나 자전거에서 움직이는 부분을 개조해서 이용하는 제품들이 개발되어 있다. 많은 사람들이 자전거의 원리에는 익숙해 있어 수리가 용이하다는 장점이 있다.

<그림 3.37> 양수펌프에 연결된 자전거(캄보디아)

<그림 3.38> 자전거 로프펌프(파푸아뉴기니, 한국발명진흥회)

3.9 발판펌프(Treadle Pump)

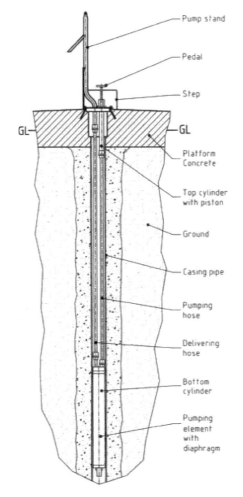

<그림 3.39> Treadle Pump 개념도(UNICEF, 2010)

발판펌프는 발판을 이용한 상하운동으로 피스톤을 작동시켜 물을 올리는 펌프이다. 관정에 직접 사용하는 제품 이외에도 관개용수 양수기형태의 제품(MoneyMaker 등)도 있다.

다리의 힘을 이용하므로 어린아이들까지 큰 힘을 들이지 않고 이용할 수 있는 장점이 있으나, 내구성이 높지 않은 문제점이 있다. 사용자의 몸무게가 다르고 발을 밟는 패턴 등의 차이가 많이 있어, 이용자가 다양할수록 내구성이 높은 제품이 필요하다.

□ **장점**

- 어린이들이 쉽게 이용할 수 있을 정도로 힘이 많이 필요하지 않다.

- 가격이 비교적 저렴하다.

- 관정에서 물의 공급 이외에도 농업용수 등의 양수기 형태로 이용할 수 있다.

□ **단점**

- 바닥면의 흙이나 신발 등에 의해서 실린더와 같은 각종 부품들이 오염되어 고장을
  일으키기 쉽다.

<그림 3.40> 발판펌프(캄보디아)

3.10 태양열펌프(Solar Thermal Pump)

태양열로 물을 데워서 만든 증기로 피스톤운동으로 펌프를 가동시켜 물을 올린다.

뜨거워진 물이 순환하여야 하고 온도에 따라서 피스톤의 작동속도가 달라지므로, 펌프자재의 내구성 및 소모품을 교체하는 노력이 필요하다. 태양열은 태양광발전에 비해서 초기 투자비용이 저렴하고 고장부위는 기계적인 문제가 발생하므로, 전기회로가 들어가는 태양광발전보다는 쉽게 수리가 가능하다.

Sunflower Pump(www.sunflowerpump.org)에서 2010년부터 개발되어 적용되었다가 현재는 Future Pump라는 것으로 태양열을 사용하지 않고, 펌프에 태양광 판넬을 부착하는 방식으로 변경하여 보급하고 있다.

[사진: 박현주]

<그림 3.41> 태양열펌프(에티오피아)

3.11 수격펌프(Ram Pump)

흐르는 물을 갑자기 차단하면 흐르는 물의 운동에너지가 충격에너지로 바뀌고 이때 발생하는 에너지로 물을 올리는 원리이다. 수격현상을 이용해서 수격펌프라고 불리고, 영어로는 Hydraulic ram 또는 Hydram이라고 한다.

1796년에 열기구 발명가로 알려진 조제프 몽골피에(Joseph-Michel Montgolfier)가 발명한 후 조금씩 개선되어 사용되고 있다. 국내에서는 전환기술사회적협동조합(kcot.kr)에서 수격펌프 매뉴얼(2014)을 발간하여 보급하고 있다. 일반적으로 약 3m까지 올릴 수 있으나, 잘 만들어진 수격펌프의 경우에는 더 높이 올릴 수 있다.

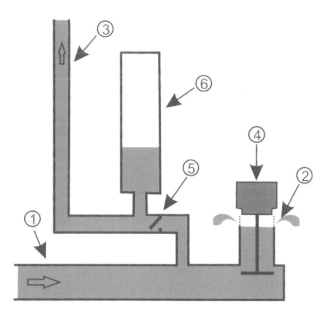

1. Inlet-drive pipe
2. Free flow at waste valve
3. Outlet-delivery pipe
4. Waste valve
5. Delivery check valve
6. Pressure vessel

<그림 3.42> 수격펌프 개념도

<그림 3.43> 수격펌프(안병일, 2014)

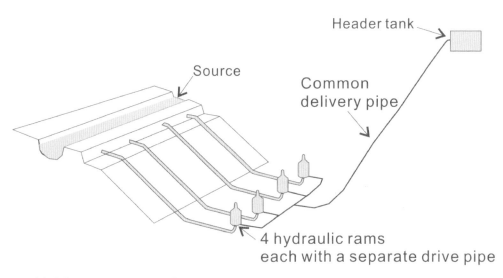

Header tank

Source

Common
delivery pipe

4 hydraulic rams
each with a separate drive pipe

(Modified from Watt S. B., 1974)

<그림 3.44> 다중 수격펌프 적용

3.12 슬라잉펌프(Sling Pump)

통돌이펌프라고 불리는 슬라잉펌프는 물의 흐름을 동력으로 이용하는 원리로 펌프내부에 물이 들어가면서 코일형태의 관에 하천물이 회전하면서 물을 올린다. 펌프는 프로펠러가 일정한 방향으로 회전을 하고, 돌아가는 힘으로 계속 회전하면서 연결된 호수로 물을 멀리까지 옮길 수 있다.

슬라잉펌프를 사용하기 위해서는 하천의 유속이 60cm/s 이상이고, 최소한의 하천수위는 25~40cm 이상이어야 한다. 양정의 높이는 8~25m이고, 펌프에 따라 양수량은 3~6㎥/일이다.

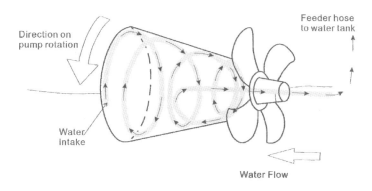

(Modified from PAMI, 2006)

<그림 3.45> 슬라잉펌프 개념도

<그림 3.46> 통돌이펌프(전환기술사회적협동조합)

3.13 스크류펌프(Screw Pump)

아르키메데스(B.C. 285~212)가 개발한 펌프로써 아르키메데스 스크류(Archimedes Screw)나 스크류펌프(Screw pump)로 불리고 있다. 원리가 간단하고 간단하게 물을 퍼 올릴 때 사용할 수 있다. 제작에 큰 어려움이 없어서 관개용수시스템에 사용할 수 있다.

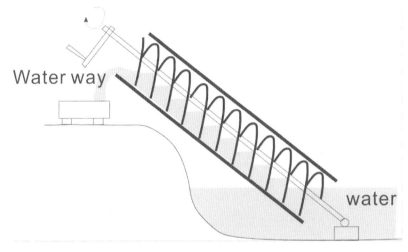

<그림 3.47> 아르키메데스 스크류 개념도

<그림 3.48> 스크류펌프(서울숲)

3.14 나선펌프(Spiral Pump, Water Wheel Pump)

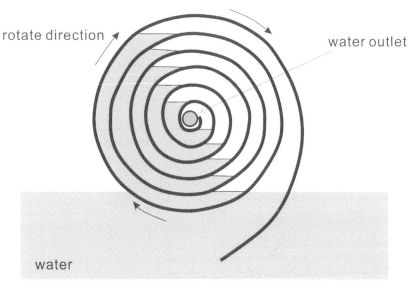

rotate direction

water outlet

water

<그림 3.49> Spiral Pump 개념도

아르키메데스 스크류(Archimedes Screw)의 변형된 형태로 코일처럼 감긴 스크류에 물이 이동하면서 양수하는 방식이다. 이러한 나선펌프는 최대 5~10m 양정까지 물을 올릴 수 있으나, 제작하는 방식이나 재질에 따라서 많은 차이가 있다.

흐름이 많은 곳에서는 코일로 감는 파이프의 굵기 등을 차별화할 수 있고, 돌아가는 부위와 물이 합쳐지는 부위의 제작이 중요하다.

자연에너지를 이용하므로 좋은 부분은 있지만, 그 반면에 양정의 높이나 물량은 많지 않다는 단점이 있다. 낮은 높이의 물을 이용하거나 하천의 유속이 빠른 곳에서는 적용을 고려할 수 있다. 참고문헌을 검색하면 사진과 제작방법 등을 자세히 알 수 있다.

3.15 기포펌프(Air Lift Pump)

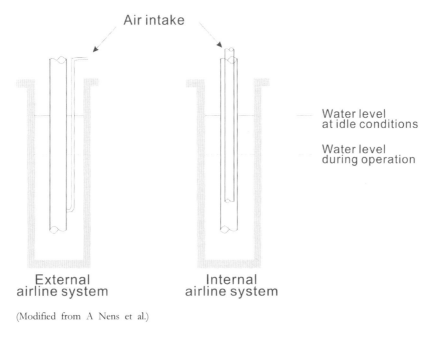

Air intake

Water level
at idle conditions

Water level
during operation

External
airline system

Internal
airline system

(Modified from A Nens et al.)

<그림 3.50> 기포펌프 개념도

물속에 세워 놓은 파이프의 바닥에 공기를 불어넣어 기포의 부력으로 물을 높은 곳으로 끌어 올리는 장치이다. 1797년 독일 기술자 C. E. 레셔가 고안하였고, 1880년 미국의 J. P. 프리젤이 특허를 얻어 실용화하였다. 구조가 간단하고 운동하는 기계부분이 없으므로 고장이 거의 없고, 더러운 물을 뽑아낼 때에는 공기세정을 할 수 있는 장점이 있다.

온수를 뽑아 올리는 데는 보통펌프로는 흡입이 곤란하지만 기포펌프로는 고온의 물도 가능하며, 또 흙탕물을 뽑아 올리거나 지하에서 이물질이 많은 탁수를 올리는 데에도 사용된다. 유전에서 천연가스를 이용하여 채유하기도 한다.

제4장

용수분배
(Water Distribution)

용수원을 개발한 후 적절한 이용을 위해서는 분배가 중요하다. 단독 가정에서 소형 물탱크와 파이프 등으로 구성된 시스템은 문제가 발생하더라도 쉽게 수리가 가능하기 때문에 큰 어려움 없지만, 마을 단위나 소규모 주거단지의 용수공급에는 물탱크, 수중모터펌프, 부스터펌프, 공기배출장치, 각종 밸브 등 공학적으로 적절하게 설치되어야만 올바른 역할을 할 수 있다. 또한 분기된 급수대 한쪽에서 물을 너무 많이 사용할 경우나 배관 중간에 발생하는 문제를 대비하여 조절 및 수리용 밸브 등이 필요하다.

최적의 설계를 위해 물공급부터 에너지이용까지 가장 경제적이고 효율적으로 검토하도록 현장조사와 경험이 많은 기술자의 사업참여가 필수적이다. 본 장에서는 파이프시스템 설계에 따른 관로설계, 노선결정, 관경결정, 관종결정 등을 개략적으로 소개하였다.

물탱크는 크게 고가 물탱크와 지상 탱크를 적용할 수 있다. 이용시설에는 공공급수대, 물판매소, 가축음수대(Cattle Trough) 등을 연결할 수 있다. 비소, 불소, 탁도 등이 높은 지역에서는 분배시스템에 부가적으로 정수장치를 설치할 수 있다.

<그림 4.1>은 탄자니아 KOICA의 프로젝트에서 이루어졌던 용수공급 시나리오이다. 한 개의 지하수 관정(Borehole)이 있고, 마을 중심의 높은 곳에 고가물탱크(Water Tank)를 두었고, 5개의 공공급수대(Domestic Point)와 1개의 가축음수대(Cattle Trough)를 각각의 파이프로 연결했다. 물탱크 - DP3 - DP4 - DP5로 연결되는 파이프라인은 도중에 파이프를 분기하면서 나오는 손실 등의 계산이 필요했다. DP4 지점에서 가축음수대와 DP5로 분배되는 라인에서 양쪽으로 적절하게 물의 양이 분배되도록 설계하였다.

용수라인 세부설계는 표고자료와 이용자의 수, 마을분포 현황 등 종합적인 검토가 필요하다.

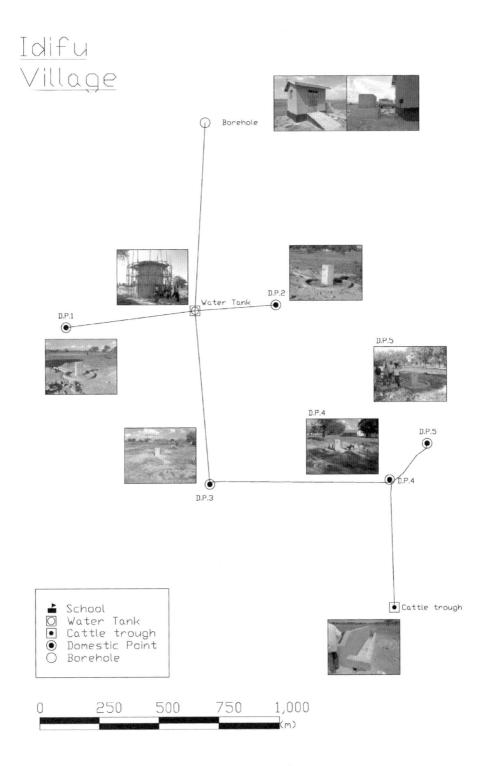

<그림 4.1> 마을용수 공급시스템 개략도(KOICA, 2008)

4.1 관로시스템(Pipe System) 설계

파이프와 각종 부대시설을 설치하여 물탱크에 물을 저장하고, 원하는 장소까지 물을 운반하는 파이프를 설치한 것이 관로시스템(Pipe System)이다. 관로시스템은 단순한 파이프의 연결이 아닌 재질, 구경, 노선 등의 종합적인 검토와 전문적인 설계가 필요하다.

관로 노선은 높은 곳에서 낮은 곳으로 흐르는 자유낙하를 이용하는 것이 가장 좋지만, 관내손실, 구부러지는 부분에서 생기는 손실, 적정한 모터용량, 밸브 등을 종합적으로 고려해야 한다.

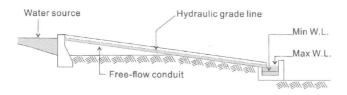

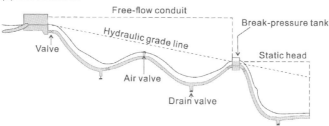

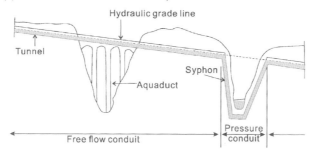

(Modified from: Nemanja Trifunovic, 2002(1))

<그림 4.2> 관로 기본개념도

<그림 4.3> 파이프 배관 설치공사(탄자니아, KOICA, 2008)

<그림 4.4> 철제와이어를 이용해 계곡을 횡단하는 HDPE 파이프(에티오피아)

<그림 4.5> 부식방지 처리를 한 파이프(케냐, KOICA, 2009)

<그림 4.6> 파이프 매설 모습(케냐, KOICA, 2009)

<그림 4.7> HDPE 파이프에 스케일이 퇴적된 모습(세네갈, KOICA, 2010)

<그림 4.8> 파이프 제조사 창고(케냐)

관로에는 제수밸브, 공기밸브, 이토밸브 등 다양한 밸브가 필요하다. 실제 시공과정에는 분기된 한쪽 지역으로 물이 전혀 가지 않거나, 공기(에어)가 빠지지 않아서 물이 공급되지 않는 등 설계대로 시공하였지만 약간의 변수로 인해서 물이 나오지 않는 경우도 많이 발생한다.

<표 4.1> 밸브 고려사항

구 분	주 요 고 려 사 항
제수밸브	관로 중 물의 흐름을 제어하는 장치로 물의 수급 및 고장 등 관리에 필수 장치로 작동이 양호하고 관리가 편리한 장소에 설치
공기밸브	관로가 굴곡부를 통과할 때 굴곡정상에 기포가 생겨 관내부압을 발생시켜 유체흐름을 방해하는 현상이 나타나므로 이를 제거하기 위하여 공기변 설치
이토밸브	관로 하향굴곡부에 쌓이는 이물질 제거를 위해 이토변실 설치 이토관의 관경은 주관경의 1/2～1/4로 하되 가능하면 크기가 큰 것으로 채택

<그림 4.9> 게이트밸브(KOICA, 2009)

<그림 4.10> 체크밸브(KOICA, 2009)

<그림 4.11> 스트레나(KOICA, 2009)

4.1.1 노선결정

용수공급을 위해 노선을 결정할 때 관로가 통과하는 땅의 소유권 문제가 가장 큰 어려움이다. 경제적으로 구성하고 싶어도, 노선중간의 부지소유주가 관망(Pipe)이 통과하는 것을 원치 않을 경우에는 우회해야 되는 어려움이 있다. 이러한 어려움을 최소화하기 위해 도로를 중심으로 파이프 노선을 결정하는 경우가 많이 있다.

개발도상국의 땅값이 저렴하다고 하지만, 전반적인 물가도 같이 저렴해서 외부인으로 바라보는 땅의 가치보다 현지인이 느끼는 땅의 가치는 엄청난 차이가 날 경우가 있다. 이러한 토지가치 이외에도 작물보상비, 종교적 신념, 부족 간의 갈등 등과 맞물리게 되면 해결할 수 없는 상황이 되기도 한다.

아프리카 지역에서는 부지를 통과할 때 부족 간의 분쟁이 발생할 수 있으므로 각별한 주의가 필요하다. 경험 많은 PM(Project Manager)는 문제점을 미리 파악해서 부지협의 및 분쟁발생 요소를 줄이고, 협의과정에서 소요되는 기간 등을 고려하여 설계하고 시행한다.

여러 가지 노선을 비교하여 기술적·경제적·환경적 측면 및 용지보상, 민원 등을 종합적으로 검토하여 노선을 결정해야 한다. 노선에 따라서 마을가구 수 및 인구밀집도 변화가 미래에 발생할 수 있으므로 미래를 예측한 노선결정이 필요하다.

<표 4.2> 노선선정 고려사항

구 분	고려사항
기술적 측면	계통별 노선선정(물탱크, 밸브, 공급시설 등) 관로연장 및 시공성 관로재질에 따른 내구성 지형 및 지질조사 수압 검토
경제적 측면	경제적 비용 설치비 및 유지관리 비용 부지보상 비용
환경적 측면	자연환경 훼손여부 문화유적지시설 저촉여부 농경지 침식여부 주민생활권 침해여부 노선에 따른 사회분쟁여부

<그림 4.12> 노선측량(케냐)

파이프구경(pipe size)을 결정할 때, 자연유하식 관로는 최종 목적지까지 계획송수량을 공급할 수 있는 최소 파이프구경이어야 하고, 펌프가압식 관로는 관로부설비와 펌프설치비, 유지관리비를 합한 비용의 상관관계를 분석하여 가장 합리적인 파이프구경을 결정하여야 한다.

파이프구경이 커지면 파이프의 단가도 비례하여 올라가기 때문에 적절한 파이프구경과 재질의 제품을 선택하여야 한다. 파이프구경이 커질수록 파이프를 운반하거나 설치할 때 작업난이도가 상승하며 전반적인 비용상승 및 작업속도가 늦어지거나 투입장비가 많아진다.

파이프크기, 시공문제, 구간에 따른 손실 등 다양한 인자로 인해 수압, 부하량 등 예상치 못한 현상이 발생하므로 전문가의 치밀한 계산과 경험이 설계단계부터 필요하다.

[사진: 이정철]

<그림 4.13> 측량 위치표시(케냐)

4.1.2 파이프결정

파이프종류는 다양하만, 개발도상국에서 구매할 수 있는 제품이 한정되어 있으므로 시장조사부터 해야 한다. 대형관의 경우에는 수요가 많지 않아 주문생산이 많으므로, 공사기간 내에 공급이 가능한지 등 사전조사가 필요하다.

해외에서 대형파이프를 수입하는 경우는 관세와 세관, 통관기간이 장기간 소용될 수 있으므로 수입해야 되는 제품의 경우에는 각종 변동사항(환율, 통관, 운송조건, 정치현황, 정책변화 등)에 많은 검토가 필요하다. 시장조사 과정에서 현지에서 많이 사용하는 파이프 추세와 시공기술력 보유여부, 부식방지 대책 등을 종합적으로 검토하여 결정한다.

구 분	UPVC 수도관
사진	
생산규격	D16~D400mm
장단점	·중량이 가벼워 운반 및 시공이 용이 ·내식 및 내화학성 강함. ·전식방지가 불필요 ·온도변화, 차량 및 외부하중에 의해 변형발생 우려 ·관내압이 높은 관로에 사용 어려움.

구 분	수도용 HDPE관
사진	
생산규격	D16~D600mm
장단점	·중량이 가벼워 운반 및 시공이 용이 ·소구경은 둥근 형태로 수십 미터씩 말려서 생산되어 접합부위가 작음. ·대구경은 중간에 용접이 필요함. ·전식 및 부식이 없음. ·온도변화, 차량 및 외부하중에 의해 변형발생 우려 ·관내압이 높은 관로에 사용 어려움.

구 분	닥타일 주철관(DCIP)
사진	
생산규격	D80~D1,200mm
장단점	·내·외압이 높은 관로에 적합 ·내식성, 내마모성 우수 ·전식방지 불필요 ·관생산 규격이 다양함. ·중량이 무거워 운반 및 시공이 어려움.

구 분	아연도금관(Galvanized Iron Pipe)
사진	
생산규격	다양함(원하는 사이즈를 만들 수 있음.)
장단점	• 전통적으로 오래 사용한 방식 • 개발도상국에서 시공경험 풍부 • 관생산 규격이 다양함. • 중량이 무거워 운반 및 시공이 어려움. • 연결부 및 용접부에 부식 등의 문제가 발생할 수 있음. • 대형관의 경우에는 철판을 둥글게 말아서 용접해서 생산하기도 함.

프로젝트에서 많은 양의 파이프를 사용한다면, 이동거리가 짧은 인접지역에서 생산되거나 유통되는 파이프를 조사하고, 제품 검수과정을 확인하고 적용한다.

HDPE 파이프를 생산하거나 판매하지 않는 나라에서 HDPE로 관로설계를 하는 것보다 지역에서 생산하는 아연도금관(G.I. Pipe)을 이용하는 것이 적정하다. HDPE 시공경험이 없는 기술자는 접합부의 용접기술 부족으로 내구성에 심각한 문제를 발생시킬 수 있다. 아연도금관은 부식에 강하나, 철제강관을 이용해야 되는 경우에는 내부와 외부에 부식방지 페인트를 칠하고 외부에는 아스팔트 등과 같은 부식방지 처리를 해서 사용하기도 한다. 시장상황이 좋지 않은 개발도상국에서는 공급받을 수 있는 파이프의 종류를 먼저 파악하고, 파이프 재질의 단점을 보완할 수 있는 방법을 검토하는 것이 더 합리적이다.

에티오피아에서 HDPE관 설계나 시공경험이 없는 현지설계자가 아연도금관(G.I. Pipe)을 고집하여, HDPE 생산공장을 방문하여 생산, 검수절차를 현지설계자가 직접 눈으로 본 이후에 아연도금관에서 HDPE관으로 교체하여 설계한 사례가 있다. 파이프에 대한 품질에 대한 신뢰도가 높지 않을 경우에는 생산공장을 방문하여 생산 및 검수과정을 직접 조사하여 결정하는 것도 도움이 된다.

4.2 물탱크(Water Tank)

국가마다 다양한 소재와 다양한 형식의 물탱크가 있고, 설치위치, 방식, 필요수량에 따라 적절한 물탱크를 결정할 수 있다. 물탱크가 크고, 높은 곳에 위치하는 것이 좋지만 경제성, 채수량, 소비수량, 지역적 여건, 유지관리, 예산 등을 고려하여 선택해야 한다. 급수 지역이나 취수원 주변에 표고가 높은 지점이 없다면 고가수조를 만들어서 자연유하 되도록 한다. 물탱크는 콘크리트, PVC, 스테인리스 등 다양한 재질로 만들거나 설치할 수 있으나, 설치지역 기술력, 자재현황, 내구성 등을 고려해서 결정한다.

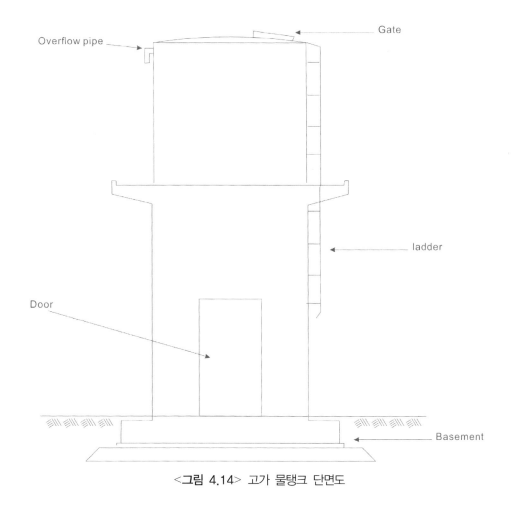

<그림 4.14> 고가 물탱크 단면도

고가수조의 경우에는 어린아이나 관리자 이외의 사람들이 접근하지 못하도록 외부에 설치되는 사다리는 손으로 올라가지 못하는 위치부터 설치하고, 별도의 사다리를 물탱크 밑 기자재실 내부에 보관한다.

고가수조에 채워지는 물량을 파악하기 편리하게 노출된 유량계를 설치할 수 있다. 고가수조가 넘치지 않도록 센서를 설치하거나, 오버플로 파이프 등을 설치한다. 물탱크의 높이는 높을수록 효과가 뛰어나지만, 설치지역과 공급지역의 표고차이와 향후 추가공급 가능성, 공사비, 시공능력, 관리비 등을 종합적으로 고려해서 결정한다.

<그림 4.15> 고가 물탱크(탄자니아)

<그림 4.16> 스테인리스 고가 물탱크와 정수장치(케냐, 환경산업기술원)

[사진: 박현주]

<그림 4.17> 농업용 고가 물탱크(에티오피아)

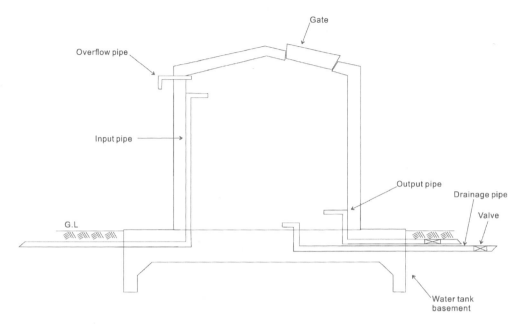

<그림 4.18> 지상 물탱크 단면도

<그림 4.19> 콘크리트 물탱크(탄자니아)

<그림 4.20> 플라스틱 물탱크(탄자니아)

<그림 4.21> 석재 물탱크(에티오피아)

[사진: 오세봉]

<그림 4.22> 기존 물탱크 위에 추가 설치(케냐)

[사진: 오세봉]

<그림 4.23> 이동용 물탱크(케냐)

4.3 급수시설(Water Tap)

급수시설은 물을 받아 가는 시설로서, 분배계통의 마지막에 존재한다. 여러 가지 급수시설들이 있지만, 가장 권장하는 방법은 물판매대(Kiosk) 방식이다. 물판매대를 만들어서 관리자가 상주하면서 물값(Water tariff)을 받는 방식이다. 공동급수대(Public water stand post)는 관리자 상주공간이 없으므로 물값을 받거나 통제하는 등의 관리가 어렵다. 공짜라는 생각으로 낭비하거나 수도꼭지 마모로 소소한 누수가 발생하더라도 책임지는 사람이 없다. 용수공급을 지속적으로 유지되게 하는 가장 큰 원동력은 물값을 적정하게 책정하고 관리하는 물이용조직(Water User Group)이다.

급수시설은 물을 받고 이용과정에서 떨어지는 물로 주변이 항상 물에 젖어 있을 수 있으므로 떨어지는 물을 처리하기 위한 배수로를 설치해야 한다. 배수된 물이 지하로 침투되거나 하수도로 배출하여 모기 서식지나 동물의 접근을 막아야 한다.

많은 사람이 이용하기 때문에 다른 시설보다 파손위험이 높으므로, 기초를 튼튼하게 만들어서 장기간 이용하더라도 콘크리트가 파손되지 않도록 하고 침수, 폭우 등으로 급수대 바닥기초와 지표면이 분리되지 않도록 한다. 또한 급수시간에 많은 사람들이 줄을 서야 하므로 주변공간이 충분한지 검토해야 한다.

가축을 위한 가축음수대(Cattle through)는 축산에 큰 도움이 된다. 가축음수대는 보건·위생적 측면을 고려해서 사람들의 거주지역에서 떨어진 곳에 설치한다.

급수대나 가축음수대의 위치는 주민들의 이익과 편리성에 영향을 미치기 때문에 마을 내부에서 분쟁이 발생하거나 인근마을과 분쟁이 발생하기 쉽다. 위치결정을 할 때는 기술적인 관점과 더불어, 마을주민들 간의 편의성 측면에서 공평한 위치를 선정해야 한다. 결정이 힘든 지역에서는 마을 부족장의 우회적인 결정을 얻거나, 마을 공동회의에서 결정이 되도록 한다. 급수시설의 경우에는 주민들이나 부족에게 가시적인 이익을 가져오므로 설치할 때마다 위치에 따른 분쟁이 동반되어 나타난다.

물이 공급되기 시작하면 급수시설이나 물이 공급되는 마을로 이주가 발생하거나 급속히 주택들이 만들어져 예상하지 못했던 이용자가 급증하는 현상도 자주 발생한다. 그러므로 급수시설 주변부지가 넓을 경우에는 향후의 이용자가 늘어날 수 있는 가능성까지 검토하여 적절한 시설용량을 결정해야 한다.

4.3.1 공공급수대(Public Water Stand Post)

공공급수대는 적은 비용으로 설치할 수 있는 장점이 있어, 한정된 예산으로 여러 곳에 급수시설이 설치하여, 주민들이 물을 길러가는 거리를 줄여야 할 경우에 고려할 방법이다.

여러 개의 소규모 거주지로 이루어진 마을에서는 파이프 노선을 따라서 분기변을 두고, 공공급수대를 만들어서 이용할 수 있지만 관리가 어려울 수 있으므로 관리 및 운영 방안을 검토하여 설치한다.

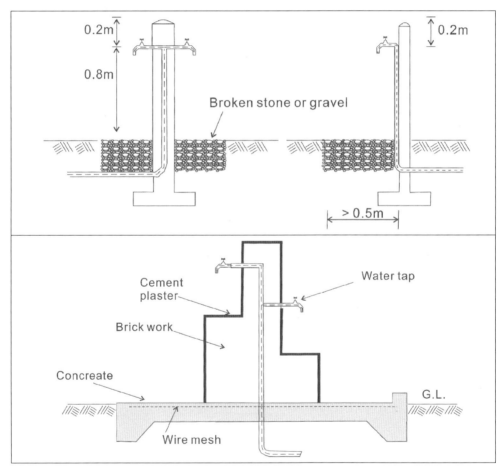

(Modified from Nemanja Trinovic, 2002(2))

<그림 4.24> 단순 및 다중급수대 단면도

<그림 4.25> 공공급수시설(캄보디아)

<그림 4.26> 공공급수시설(에티오피아)

4.3.2 물판매대(Water Kiosk)

물판매대(Water Kiosk)는 많은 가구가 밀집된 곳에서 적용하기 좋으며, 사람들이 접근하기 편한 곳에 설치해야 한다. 물탱크에서 너무 멀리 떨어져 있거나, 이용하는 사람이 한꺼번에 몰릴 때는 수압이 떨어져서 대기시간이 길어질 수 있으므로, 물판매시설을 여러 곳으로 분산시켜 물판매시간을 차별화하여 운영하는 등의 방안이 필요하다.

판매된 물값은 용수를 지속적으로 이용한 유지보수 비용 및 관리인의 인건비 등으로 충당할 수 있다. 물판매대는 지속적으로 물을 공급하고 체계적인 시스템을 운영하는 효과를 거둘 수 있다.

<그림 4.27> 물탱크 설치형 물판매시설(케냐)

<그림 4.28> 물판매시설(케냐)

<그림 4.29> 물판매시설 및 고가수조(탄자니아)

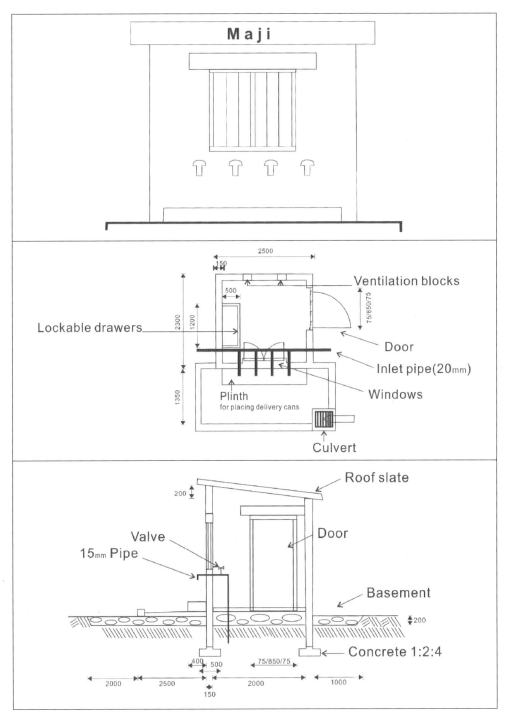

(Modified from Erik & Catherine, 2006)

<그림 4.30> 물판매소 설계도

4.3.3 가축음수대(Cattle Trough)

개발도상국 주민들의 재산에서 가축은 큰 비중을 차지한다. 목축만으로 생업을 하거나, 목축을 중심으로 하는 마을에서 가축음수대는 중요시설 중 하나이다.

가축음수대는 마을에서 사육하는 가축의 종류를 파악해서 적정한 형태로 설치해야 한다. 가축음수대가 너무 높을 경우에는 작은 동물들이 물을 마시기 어려움이 있으므로, 높이 차이를 두어서 작은 동물들과 큰 동물이 분리해서 물을 먹을 수 있도록 하고, 사육하는 가축종류에 따라 적정한 형태로 설계한다.

가축음수대 부근에 가축분뇨가 쌓이는 현상이 발생하므로, 가축분뇨가 주민들의 보건위생환경에 피해가 되지 않도록 해야 한다. 물 이용료는 사육하는 가축 두수와 종류에 따라 적정하게 결정하여 운영한다.

<그림 4.31> 가축음수대(탄자니아)

4.4 돌망태(Gabion)

주거지가 몰려 있는 곳은 대부분 물이 풍부한 강이나 하천 근처에 많이 있으므로, 우기에 범람이 발생하는 지역이 많이 있다. 침수지역에 물공급시설을 설치할 때에는 홍수를 대비해서 돌망태로 시설물 지반을 높여 침수로 인한 장비나 시설이 파손되지 않도록 해야 한다.

범람이 될 때는 물이용시설을 사용하지 않는 시기이기 때문에 관리가 소홀해지고, 침수가 되면 물공급시설에 지표의 오염물질이 유입된다. 침수 지속기간이나 침수정도, 발생빈도 등을 검토하여 시설물 설치높이를 결정한다.

<그림 4.32> 돌망태용 철망(케냐)

<그림 4.33> 돌망태 조립과정(케냐)

<그림 4.34> 돌망태가 설치된 시설물(케냐, KOICA, 2009)

4.5 용수공급 시설운영

4.5.1 물이용조직(Water User Group)

물이용조직(Water User Group)에 대해서는 앞에서 많은 언급을 하였다. 용수공급(Water Supply)의 마지막 단계는 물이용조직으로 마무리해야 되지만, 실제에 많은 프로젝트에서는 그렇지 못하다.

아프리카의 경우에는 물이용조직에 대한 개념이 상대적으로 잘 확립되어 있어서, 용수공급시설이 설치되면 지방정부나 주민들의 조직에서 물이용조직이 설치된다. 조그마한 부족에서는 부족회의로 물이용조직이 만들어지기도 한다.

아프리카에 비해 상대적으로 지하수개발이나 수자원개발이 용이하고, 소규모로 개발되는 동남아지역에서는 적립된 물값이 1년이 지나도록 막상 사용할 곳이 없어지면, 물값을 깎아주거나 내지 않거나 하는 현상이 발생하고, 적립된 물값을 다른 용도로 사용하기도 한다.

<그림 4.35> 물이용조직 구성 주민설명회(탄자니아)

물값이 저렴해지고, 한 명씩 납부를 하지 않는 사람이 생기면, 점점 물이용조직이 필요성이 낮아지면서, 막상 목돈이 필요할 경우가 발생하면, 적립된 금액이 부족해서 수리하는 것에 이견이 발생하면서 분쟁이 발생하면, 적립금을 분배하고 물이용조직을 해체하는 경우가 종종 발생한다.

대규모 조직은 오히려 처음부터 관리자를 지정하고, 자금을 운영하는 사람을 지정하는 등 조직관리가 용이하지만, 소규모 조직은 월급을 받고 일을 하는 사람이 없으므로 물이용조직을 형성하기 더 어렵다.

핸드펌프와 같이 몇 개의 펌프가 있을 곳에서는 주변에 있는 사람들만으로 구성된 물이용조직을 구성할 때, 처음에는 돈이 필요할 때 나누어서 수리비용을 내자고 하지만, 막상 목돈이 필요할 때에는 형편이 힘든 몇 가구에 의해서 수리를 포기하게 된다.

<그림 4.36> 용수공급용 계량기(탄자니아)

[사진: 조시범]

<그림 4.37> 물도난 방지용 자물쇠설치(D.R. 콩고)

　물이용조직을 만들 때 가장 기초적인 교육은 장부정리(Booking)이다. 많은 개발도상국의 사람들이 장부를 정리하는 데 많이 취약하다. 전문대학교육을 받았지만, 장부정리를 하지 못하는 사람도 많이 있으므로, 적정한 교육도 필요하다.

　물이용조직에는 위원장(Chairman), 회계(Account), 여성위원장(Women), 감사(Audit), 위원(Member)으로 구성하고 인원수는 지역에 맞도록 조절할 수 있다.

4.5.2 물값(Water Tariff)

물값은 주변에서 공급되는 물값과 비슷한 수준으로 책정하면 된다. 투입비용이 대부분 비슷하기 때문에 주변에 잘 운영되고 있는 물이용조직을 벤치마킹하여 적용할 수 있다.

물값을 받는 방법은 계량기를 달아서 물값을 징수할 수 있고 사람 수에 따라 징수할 수도 있다. 물판매소에서는 일반적으로 20리터 물통에 대한 가격을 정해놓고 물값을 받는다. 물값 관리자가 판매대금 파악에 어려움이 있을 때에는 물값 선불카드를 제작하여 주민들에게 판매하고, 물급수대 관리자가 구멍을 찍어주는 방식으로 현금유통이 필요 없는 방법 등으로 다양하게 접근할 수 있다.

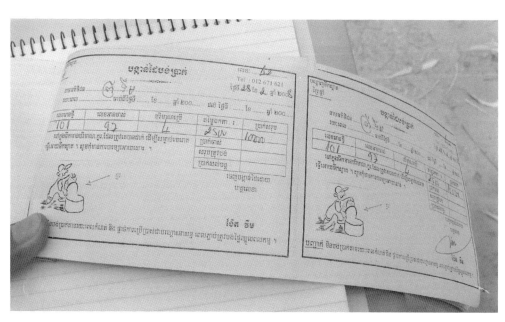

<그림 4.38> 물값 영수증(캄보디아)

4.5.3 민간업체와의 분쟁

대규모 용수공급시설이 완공되고 나면 가장 먼저 문제가 발생하는 것은 사설 물판매 업체와 정수한 물을 판매하는 업체이다. 깨끗한 물이 많은 주민들에게 혜택이 가는 것은 좋은 일이지만, 개인자금으로 식수 공급을 담당했던 지역 정수업자는 문제가 발생한다.

정수업자가 많은 돈을 투자해서 정수장치 등을 설치했지만, 갑작스러운 해외원조기관 이나 NGO의 등장으로 삶의 터전을 잃게 된다. 이러한 일들이 계속 일어난다면, 공공의 물공급사업이 두려워 부족한 시설을 메워주던 사설업자의 역할을 불가능하게 되므로 건 전한 경제구조를 해치게 된다.

물이용시설이 설치되고 난 이후에 주변에 있는 사설 물공급업자와의 관계 등에 대해 서도 충분한 검토가 필요하다. 많은 사람들에게 좋은 물을 공급하더라도 폭리를 취하는 것이 아니라면 사설업체에 대한 적정한 검토가 필요하다.

<그림 4.39> 생수 판매시설(라오스)

<그림 4.40> 생수 제조시설(라오스)

<그림 4.41> 생수 용기세척시설(라오스)

제5장

정수처리
(Water Treatment)

수질에 아무런 문제가 없는 물을 이용하는 것이 최선이지만, 개발도상국에서는 부적합한 물도 이용해야 되는 실정이다. 이 장에서는 지하수나 지표수가 수질이 좋지 않을 경우에 어떻게 개선할 것인지에 대하여 설명하였다. 정수장치에 대한 제작 매뉴얼이나 사용방법, 주의사항 등은 참고문헌을 참고하면 자세히 알 수 있다.

정수처리는 크게 물리적, 화학적, 생물학적 처리로 구분할 수 있다. 크기가 큰 입자나 미생물, 세균 등 이물질이 작은 공간을 통과하지 못하는 것이 물리적 방법이다. 화학적 방법은 화학물질의 반응을 이용해서 오염물질이 침전되거나, 염소로 미생물이나 세균을 죽이는 방법을 사용한다. 생물학 방법으로는 미생물을 이용해서, 원수의 미생물이나 세균을 잡아먹는 방법 등을 적용할 수 있다.

가장 기본적인 정수처리인 끓여서 먹는 방법이다. 가장 보편적이지만, 물을 끓이기 위한 숯이나 나무와 같은 연료의 가격부담으로 끓이지 않은 물을 바로 먹는 경우가 많다.

정수장치는 물맛을 변화시켜 실제 적용과정에서 거부감을 갖는 경우가 많이 있다. 많은 사람들은 정수기를 사용하면 위생적이고, 안전하다는 것을 알지만, 정수할 때의 번거로움, 비용, 물맛 등을 생각하면, 정수기는 개인적 취향에 더 가깝게 연결된다. 정수기 효과와 더불어 어떻게 홍보하고 보급할 것인지에 대한 고려가 필요하다.

<그림 5.1> 물 끓이기

5.1 바이오 샌드 필터(BSF: Biosand Filter)

바이오 샌드 필터는 원수가 모래층을 통과하면서 여과되고, 모래층 최상부에 살고 있는 토착 미생물이 원수의 각종 미생물·세균 등을 잡아먹고, 모래필터를 통해서 깨끗한 물로 정수된다.

바이오 샌드 필터(BSF)는 저장소(Upper reservoir)에 원수를 넣고, 디퓨저(Diffuser)를 통해 골고루 내려가면서, 모래필터층 상부의 미생물이 있는 바이오층(Biolayer)을 여과하게 된다.

모래필터는 미세사(0.7mm 이하)가 상부에 있고, 배수자갈층(Drainage Gravel)인 자갈층(6~12mm)이 하부에 있다.

바이오 샌드 필터는 생물학적인 정수와 탁도 미생물을 잡아주는 효과가 있다. 자세한 사항은 참고문헌에 제작방법과 효과 등이 자세히 설명되어 있다.

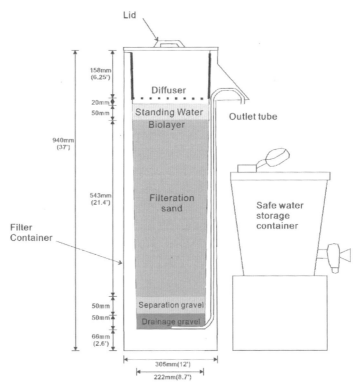

(Modified from CAWST, 2012)

<그림 5.2> 바이오 샌드 필터(BSF) 개념도

<그림 5.3> 바이오 샌드 필터(캄보디아)

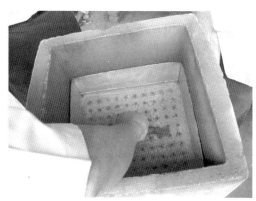

<그림 5.4> BSF Diffuser(캄보디아)

<그림 5.5> BSF Sand(캄보디아)

5.2 비소저감 필터

방글라데시, 네팔, 베트남, 메콩강 주변의 지하수에 비소문제는 광범위하게 알려져 다양한 정수기가 개발되었다. 비소저감 필터는 대부분 철화합물이나 못을 이용해서 영가철과 철수산화물의 비소에 대한 강한 흡착력을 이용한다. 아연도금이 되어 있지 않는 철제 못에 흡착반응으로 비소를 저감시킨다.

미국 MIT 대학, 네팔의 환경 보건청(ENPHO), 네팔의 농촌용수보건위생프로그램[Rural Water Supply and Sanitation Support Programme(RWSSSP)]이 공동 개발한 Kanchan Arsenic Filter(KAF)는 바이오샌드필터(BSF)의 저속 모래 필터에 철수산화물 흡착반응(iron hydroxide adsorption) 원리를 추가 적용한 것이다. 바이오 샌드 필터(BSF)에 비소흡착부분을 추가한 형태로 관리요령은 바이오샌드필터(BSF)와 비슷하다.

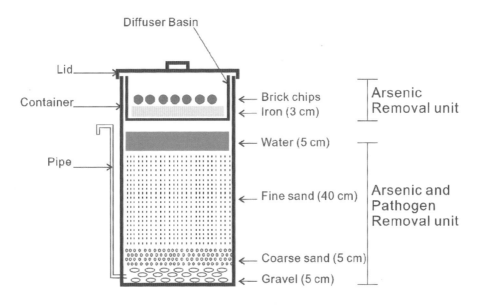

(Modified from MGAI. Tommy Ka Kit et al.)

<그림 5.6> Kanchan™ Arsenic Filter 개념도

철에 흡착반응을 이용하는 원리로 CIM(Composite Iron Matrix)이라는 비소 반응물질을 포함한 소노필터(SONO filter)라는 방글라데시 출신 미국 대학교수가 2006년에 개발한 비소저감 필터도 방글라데시지역의 비소가 높은 지역에 보급되었다. 소노필터를 물통도 플라스틱 이외에도 도자기 등을 이용하기도 한다.

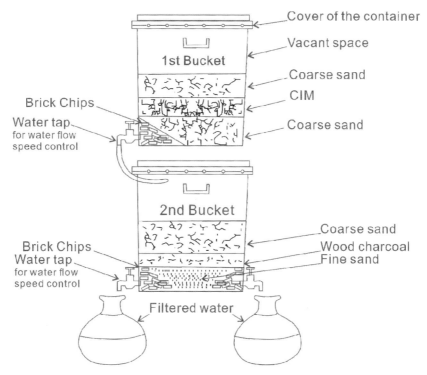

(Modified from Abul Hussam & Abul K. M. Munir, 2007)

<그림 5.7> SONO Filter 개념도

5.3 불소저감 필터

불소는 이를 튼튼하게 하는 장점을 가지고 있지만, 불소함량이 높은 식수를 장기간 음용하면 불소중독이 나타난다. 불소중독이 되면 어린이는 치아 손상을 유발하고, 성인일 경우는 온몸이 쑤시고 아프며, 심각할 경우에는 사지가 변형되며 허리가 경직되어 일어서지 못하게 되는 경우도 있다.

가장 보편적인 불소 저감법은 응집과 침전을 통해서 제거하는 방법이다. Nalgonda 방법은 응집제를 넣고, 막대기를 저어주면서 반응을 시켜, 응집된 물질을 침전하는 방법으로 마을단위나 개인이 사용하는 방법으로 불소를 저감하도록 하였다.

Nalgonda 기술을 적용한 방법이 많이 보급되기 위해서는 응집제를 지속적으로 구매해야 되는 불편함과 비용으로 보급에 한계가 있다.

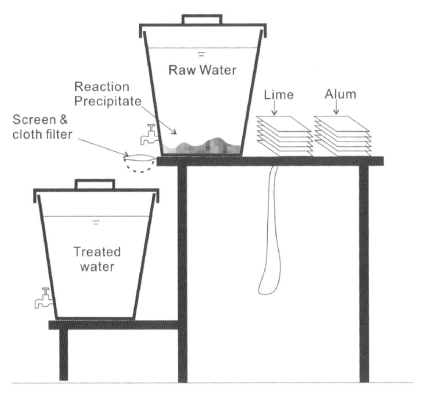

(Modified from E. Dahi, 2000)

<그림 5.8> 탄자니아 가정용 Nalgonda 기술

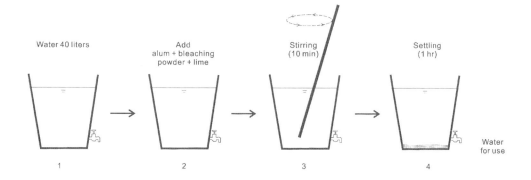

(Adapted from RGNDWM, 1993)

<그림 5.9> Nalgonda 기술을 이용한 가정용 불소저감

    태국에서는 탄화 골분(Bone char)을 이용해서 불소와 1차 반응하고, 숯으로 최종 정수 처리를 하는 시스템을 개발하였다. 탄화골분이나 숯을 구하기 쉬운 지역에서는 드럼통, 양동이, PVC 파이프 등을 이용한 다양한 형태의 컬럼에 필터물질을 채워서 만들 수 있다.

    필터재료는 동일하더라도 외부 용기는 구하기 편한 것으로 만들고, 적정한 반응이 이루어지도록 하면 된다.

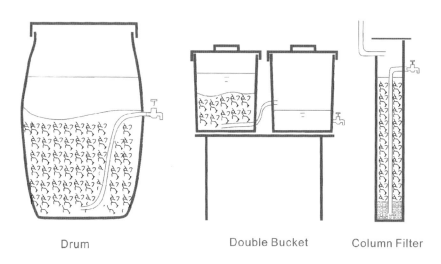

Drum   Double Bucket   Column Filter

<그림 5.10> 불소저감 필터 제작방식

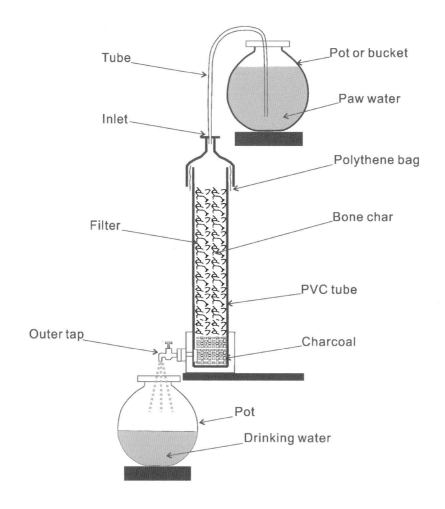

(Modified from Leela Lyengar)

<그림 5.11> 불소저감 정수장치

5.4 양초형 필터 정수기

양초(candle)형 필터 정수방식은 대규모 공장이나 간이 공장에서 양초모양과 비슷하게 세라믹, 은(Silver) 콜로이드 용액, 숯과 같은 활성탄, 미세공극이 있는 필터용 종이, 섬유 필터지 등 다양한 재질과 모양으로 만들어 원수에 있는 이물질을 필터가 걸러주는 역할을 한다.

필터 기작은 공극을 작게 만들어서 큰 오염물질의 통과를 막거나, 활성탄 필터와 같이 흡착을 통해서 오염물질을 저감시킨다. 원수에 의해서 점점 오염되거나 이물질이 쌓이는 필터들은 적정한 주기나 오염도에 따라서 교체한다. 원수들이 별도의 압력을 받지 않고, 중력으로 필터를 통과하기 때문에 시간이 갈수록 점점 여과속도가 느려지는 경우가 발생하므로, 여과속도를 높이기 위해서 동일한 필터를 여러 개를 설치하면 정수속도를 높일 수 있다.

정수기는 상부 용기와 하부 용기, 필터로 구분되며, 상·하부 용기는 도자기, 스테인 리스, 플라스틱 등의 재질의 다양한 용기를 사용할 수 있으나, 최근에는 플라스틱을 많이 사용한다. 플라스틱 용기는 가격이 저렴하고 투명한 제품은 정수효과를 눈으로 확인하므로 청소 및 유지관리에 효과적이다.

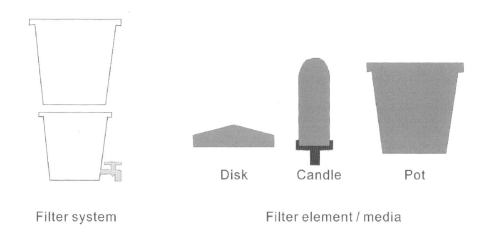

Filter system   Disk   Candle   Pot   Filter element / media

(Modified from Rober W. Dies, 2003)

<그림 5.12> 필터형 정수기

2003년에 케냐 키시(Kisii)지방의 농촌용수개발 프로젝트(Rural Water Development Project)에서 개발된 Kisii filter bucket은 투병한 플라스틱 용기를 사용하고, 저렴한 세라믹 필터로 보급하였다. 필터의 수명은 원수의 수질에 따라 6개월에서 몇 년간을 사용하도록 하였다.

하루 3리터를 통과하는 인도산 저속필터는 1달러(USD) 내외로, 하루 25리터를 통과하면서 활성탄이 포함된 고속필터는 3달러(USD)로 NGO나 지역가게에서 판매하여, 많은 사람들이 이용이 가능하도록 하였다.

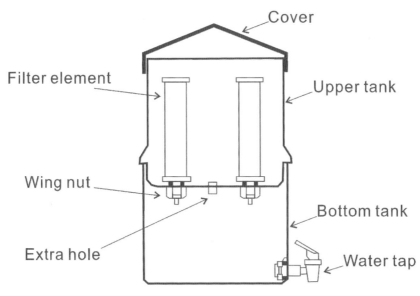

<그림 5.13> 양초(Candle)형 필터 정수기 개념도

5.5 세라믹 항아리 필터 정수기(Ceramic Pot Filter Purifier)

　세라믹 항아리 필터 정수기는 점토 사이의 미세한 공간으로 각종 오염물질을 걸러주어 정수한다. 세라믹 항아리 필터는 쌀겨나 미세톱밥을 점토와 같이 반죽하여 구운 필터로 1시간에 1~3리터 정도를 통과시킬 수 있다. 전통적으로 옹기나 화분과 같은 토기를 제작하는 마을이 있다면, 토기를 제작하는 주민들이 별도의 제작공장을 차리거나, 해외에서 수입을 할 필요 없이 세라믹 항아리 필터를 사용할 수 있다.

　세라믹 항아리 필터는 가정단위로 이용하므로 관리주체가 명확하고 세라믹필터 내구성이 높아 세척만 자주하면 지속적으로 이용할 수 있다. 세라믹필터는 플라스틱 솔로 필터내부를 세척하여 효율을 높일 수 있다. 세척할 때 비누를 사용할 경우, 비누가 미세한 공극을 막아버리게 되므로 주의해야 한다.

　특히, 우기에 물은 많이 있지만, 범람 등으로 각종 용수가 이물질이 포함되어 비위생적일 경우에는 도움이 된다.

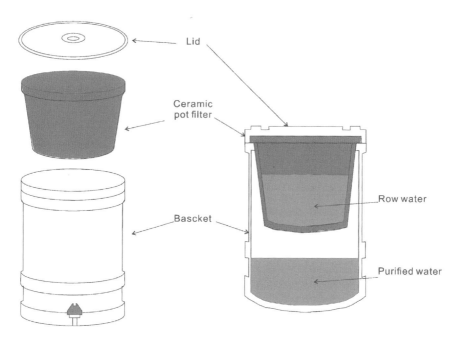

(Modified from WSP, 2007)

<그림 5.14> Ceramic Water Purifier 개념도

<그림 5.15> 세라믹 정수기(캄보디아)

<그림 5.16> 세라믹 정수기 필터와 청소용 솔(캄보디아)

5.6 사이펀 필터 정수기(Siphon Filter Purifier)

　전통적인 세라믹 필터는 중력방식을 이용하고 있어서, 정수처리속도가 늦은 단점을 보완하기 위해 사이펀 방식을 이용함으로써 기존의 중력방식에 비해서 정수처리속도를 높인 장점을 가지고 있다.

　사이펀 방식을 적용하여, 튤립 사이펀 필터(Tulip Siphon Filter)라는 제품으로 인도에 공장을 만들어 보급하고 있다. 사이펀 원리를 이용하므로 시간당 약 5리터의 물을 정수할 수 있다. 기존의 필터 방식과 동일하지만, 정수처리속도를 높였다는 것과 공장에서 생산하므로 고무벌브(Bulb)를 이용하여 세라믹필터를 역세척하는 기능까지 넣은 장점이 있다.

　필터의 공장도 가격은 약 5USD이고, 소매가격은 10USD로 판매되고, 한 개의 사이펀 필터로 약 7,000리터까지 물을 정수할 수 있다. 최근에는 동일한 회사에서 세라믹필터에 사이펀 방식을 적용한 것 이외에도, 기존의 양초형 방식도 생산하고 있다.

　자세한 사항은 Basic water needs(www.basicwaterneeds.com)에서 정보를 얻을 수 있다.

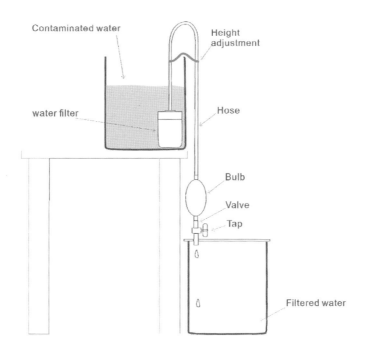

(Modified from Basic water needs)

<그림 5.17> Siphon Water Filter

5.7 태양열 증발 정수기

투명한 비닐이나, 유리로 통해서 태양의 강렬한 직사광선으로 정수기 내부 온도를 높이고, 기화된 수정기들이 유리나 비닐표면을 만나면 다시 온도차에 의해서 액화되면서 한쪽으로 증류수를 모으는 정수장치이다. 한번 기화되었다가 액화되는 과정이 이루어지기 때문에 표면이나 정수기 내부가 깨끗하다면 오염원 접촉 없이 깨끗한 수질의 물을 얻을 수 있다.

바닷물은 풍부하지만, 마실 수 있는 식수를 찾기 어려운 해안지역이나 섬지방에서 유용하게 사용할 수 있다. 모래나 미세 점토 등으로 탁하게 오염된 물에서 순수한 물만을 증발시켜 깨끗한 식수를 얻을 수 있다.

사막지역에 대규모의 태양열 증발 정수기 형태인 워터피라미드(Water Pyramid)라는 제품으로 개발된 것도 있고, Eliodoestico라는 토기로 만들어져 증발효율을 높여 정수물량을 더 많이 할 수 있는 제품도 개발되어 있다.

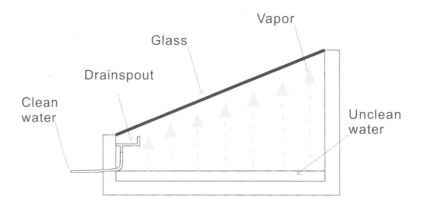

<그림 5.18> 태양열 증발 정수시스템

<그림 5.19> Solar Water Filter(파푸아뉴기니)

5.8 염소소독

(Modified from WHO)

<그림 5.20> 염소소독

　화학적 약품으로 정수방법에는 크게 2가지로 나눌 수 있다. 염소소독과 같이 생물학적인 오염물질을 처리하는 방법과 불순물이 많은 물을 화학적으로 침전시켜 깨끗한 물을 만드는 방법으로 구분된다. 염소소독은 물을 끓이지 못하는 상황에서 미생물이나 병원균과 같이 생물학적 오염물질을 제거하는 것으로 제품의 설명서에 따라 사용하면 된다. 알약형태로 많이 판매되지만, 액체제품도 있다. 제품마다 사용법이 다르지만, 투입하고 30분이 지나면 생물학적 병원균이 죽어서 안전한 식수가 된다.

　WaterGuard라는 제품은 알약(Tablet)과 액체(Liquid)형태가 있으며, 20리터에 알약 1개나 액체 한 뚜껑을 넣고 30분이 경과되면 살균이 완료되어 마실 수 있다.

　약품은 저렴하지만, 물맛이 나빠지는 단점이 있다.

5.9 침전 정수

탁도가 있는 물을 침전시켜 깨끗하게 마시는 방법으로 3개 항아리 정수법(Three-Pot Water Treatment System)이라는 방법과 화학약품을 사용하여 침전을 시키는 방법이 있다.

3개 항아리 정수방법은 하루 동안 침전된 2번 항아리의 깨끗한 물을 3번 항아리에 붓고, 2번 항아리에서 더러운 물은 버린다. 하루 동안 침전된 1번 항아리의 깨끗한 부분만 비워진 2번 항아리에 붓고, 더러운 부분은 버린다. 다시 탁도가 있는 원수를 1번 항아리에 붓고, 하루 동안 기다리면서 일련의 과정을 매일 반복한다.

(Modified from SKINNER.B.H, 2003)

<그림 5.21> Three-Pot Water Treatment System

PUR와 WaterMaker라는 제품은 화학적으로 원수에 있는 물질을 응집시키고, 다시 응집된 물질들이 침전을 일으켜 정수된다. 화학적 침전과 더불어 염소소독 기능을 추가하여 생물학적 오염도 정수하는 역할을 한다. 그렇지만 화학적 침전 정수 방법은 정수효율을 높아지지만, 비용이 들어가고, 물맛이 나빠지는 단점이 있다.

(Modified from IFRC, 2008)

<그림 5.22> 침전과정 모식도

5.10 태양광 살균시스템(SODIS)

1990년대부터 진행된 태양광 살균시스템(SODIS: Solar Water Disinfection) 프로그램은 저렴한 비용과 간단한 적용성으로 여러 나라에 널리 보급되어 있다. 마실 물을 끓여서 먹는 것이 가장 좋은 방법이지만, 연료를 구하기 힘든 곳에서 대안적으로 사용하는 방법이 태양광 살균시스템(SODIS) 프로그램이다.

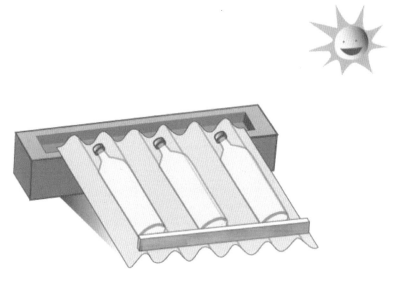

<그림 5.23> 태양광 살균시스템(SODIS)

태양광 살균시스템은 탁도가 높지 않는 식수를 투명한 생수 또는 음료수 PET병에 담아서 구름이 없는 날 아침부터 저녁까지 6시간 이상 햇빛을 볼 수 있는 곳에서 놓아두는 방식으로 미생물이나 박테리아가 자외선(UV-wave)과 태양열에 의해 살균된다. 다른 방식에 비해서 저렴하고, 간편하게 할 수 있고, 물맛에 영향을 미치지 않는 장점으로 광범위하게 보급되어 있다.

SODIS에 관련된 자세한 사항은 SODIS 홈페이지(www.sodis.ch)에서 얻을 수 있다.

SODIS의 적용하는 방법은 다음과 같다.

1) 먼저 물통을 깨끗이 씻는다.

2) 30NTU 이하가 되는 원수를 페트병에 3/4 정도 담는다.

3) 약 20초 동안 흔들어서 물에서 물방울이 생기도록 한다.

4) 빈 공간에 다시 물을 채운다.

5) 지붕이나 평평한 면에 햇빛이 가장 많이 받는 방향으로 눕혀 놓는다. 아연도금 철 판과 같이 반사면이 있는 곳은 더 좋은 효과를 볼 수 있다.

6) 아침부터 저녁까지 6시간 이상 햇빛에 노출시킨다.

깨끗한   물 75%   상하로
PET병 준비   채움   흔들어줌

물 100%   PET 뚜껑   직사광선에 노출
채움   잠굼   (6시간 이상)

<그림 5.24> SODIS 방법

참고문헌

제1장 개요

John Gounld and Erik Nissen-Petersen, 1999, Rainwater Catchment Systems for Domestic Supply: Design, Construction and Implementation, Practical Action

CRS(Catholic Relief Services), 2009, Groundwater Development
http://www.crsprogramquality.org/storage/pubs/watsan/Groundwater_final_web.pdf

Erik Nissen-Petersen and Catherine W, Wanjihia, 2006, Water Surveys and Designs, Explains survey techniques and gives standard designs with average costs on water supply structures, DANIDA
http://www.samsamwater.com/library/Book5_Water_Surveys_and_Designs.pdf

WHO, 2003, Linking technology choice with operation and maintenance in the context of community water supply and sanitation
http://www.who.int/water_sanitation_health/hygiene/om/wsh9241562153.pdf

제2장 용수원 개발

2.1 샘물(Spring)

John Gould and Erik Nissen-Petersen, 1999, Rainwater Catchment Systems for Domestic Supply, Practical action

Jo Smet & Chrisine van Wijk 2002, IRC, Small Community Water Supplies: Spring water tapping (chapeter 8)
http://www.irc.nl/content/download/128509/350882/file/TP40_8%20Spring%20water%20tapping.pdf

Philip Roark, May Yacoob, Paula Donnelly Roark, 1989, Developing sustainable Community Water Supply Systems, USAID

2.2 인력관정(Dug Well)

WaterAid, Technology note,
http://www.wateraid.org/uk/what_we_do/sustainable_technologies/technology_notes/242.asp

Oxfam, 2000, Instruction manual for Hand Dug Well Equipment
http://water.care2share.wikispaces.net/file/view/oxfam_hand_dug_well_manual.pdf

Seamus Collins, 2000, SKAT, Hand-dug Shallow Wells
http://www.watersanitationhygiene.org/References/EH_KEY_REFERENCES/WATER/Hand%20Dug%20Wells/Hand%20Dug%20Shallow%20Wells%20(SKAT).pdf

Tom Graves, 2008, The Dowser's Workbook, Understanding and using the power of dowsing
http://thelamplight.ca/schematicoftime/The-Dowsers-Workbook---128pages[1].pdf

USGS, Water Dowsing. http://pubs.usgs.gov/gip/water_dowsing/pdf/water_dowsing.pdf

KOICA, 2010, 세네갈 식수개발사업 실시협의 결과보고서, 한국국제협력단

2.3 인력기계관정(Manual Drilling Well)

Kerstin Danert, 2006, WSP, RWSA, A Brief History of Hand Drilled Wells in Niger
　　　http://www.enterpriseworks.org/pubs/History%20of%20Hand%20Drilled%20Wells.pdf

WEDC, Simple drilling methods
　　　http://www.lboro.ac.uk/well/resources/technical-briefs/43-simple-drilling-methods.pdf

Youtube: EMAS well drilling

RWHS, 2009, Hand Drilling Directory
　　　http://www.rwsn.ch/documentation/skatdocumentation.2009-11-17.8949250582/file

Wolfgang Buchner, 2006, Water for Everybody, A Selection of Arppropriate Technologies to be used for
　　　Drinkable water EMAS
　　　http://georg-ritter.info/wp/wp-content/uploads/2011/12/WATER_FOR_EVERYBODY.pdf

Henk Holtslag & Jonh de Wolf, 2009, Baptist Drilling, Foundation Connect International
　　　http://www.connectinternational.nl/files/ST%201.3%20-%20Baptist%20drilling.pdf

akvo.org
　　　http://www.akvo.org/wiki/index.php/Manual_drilling_-_general
　　　http://akvo.org/wiki/images/9/91/Rota_sludge_drill_bit.jpg
　　　http://akvo.org/wiki/images/archive/2/2a/20070730173437%21Stone_hammer_well_drilling.PNG

Terry Waller, 2008, The "Baptist" Water For All manual/motorized drilling method,
　　　www.waterforallinternational.org
　　　http://www.waterforallinternational.org/Documents/Update%20%20Baptis%20drilling%20technique%20p
　　　arameters.pdf

Robert Vuik, 2010, Manual drilling series, Jetting, PRACTICA
　　　http://practica.org/wp-content/uploads/2014/07/Jetting-manual-drilling-PRACTICA-EN.pdf

PRACITCA, The impas-poition of sustainable watect of manual drilling for the construction of sustainable
　　　water-points in Chad
　　　http://practica.org/wp-content/uploads/2014/08/The-Impact-of-Manual-Drilling-for-the-Construction-of-Su
　　　stainable-Water-Points-in-Chad.pdf

2.4 암반관정(Deep Well)

Vincent W. Uhl, Jaclyn A. Baron, William W. Davis, Dennis B. Warnet and Christoper C. Seremet, 2009,
　　　Technical Paper, Water and Sanitation Program Quality, Catholic relief services
　　　http://www.crsprogramquality.org/storage/pubs/watsan/Groundwater_final_web.pdf

FWQP(Farm Water Quality Planning), Water Well Design and Construction, Reference sheet 11.3
　　　http://anrcatalog.ucdavis.edu/pdf/8086.pdf

SADC WSCU, 2001, Development of a Code of Good Practice for Groundwater Development in the SADC
　　　Region. http://www.sadc-groundwater.org/upload/file_304.pdf

2.5 빗물이용시설(RWHS)

T. H Thomas and D. B. Maritinson, 2007, Roofwater Harvesting, IRC International Water and Sanitation Centre
John Gould and Erik Nissen-Petersen, 1999, Rainwater catchment systems for domestic supply, Practice Action
KOICA, 2008, 탄자니아 도도마/신양가지역 식수개발사업, 한국국제협력단
손주형, 2013, 빗물집수시스템, 용수공급시스템 시리즈, 한국학술정보

2.6 저수지(Reservoir)

RELMA and WAC(World Agroforestry Centre), Water from pons, pans and dams, A maual on planning, design,
    construction and maintenance
    http://typo3.fao.org/fileadmin/user_upload/drought/docs/Water%20from%20pounds%20pans%20and%20
    dams.pdf
Erik Nissen-Petersen, 2006 Water from Dry River Bad, DANIDA
    http://friendsofkitui.com/images/PDFs/water%20from%20dry%20riverbeds.pdf

2.7 모래집수댐(Sand Dam)

L. Borst, S. A. de Haas, 2006, Hydrology of Sand Storage Dams, A case study in the Kiindu catchment, Kitui
    Distruct, Kenya
Rosa Orient Quilis, Merel Hoogmoed, Maurits Ertsen, Jan Willem Foppen, Rolf Hut, Arje de Vries, 2009,
    Measuring and modeling hydrological processes of sand-storage dams on diffent spatial scales, Physica
    and Chemistry of the Earth 34(2009) 289-298, ScienceDirect
RAIN, A Practical guide to sand dam implementation,
    http://www.samsamwater.com/library/Sand_dam_manual_FINAL.pdf
WaterAid, Tecnology note
    http://www.wateraid.org/uk/what_we_do/sustainable_technologies/technology_notes/247.asp
Excellent, Sand dams brochure
    http://www.excellentdevelopment.com/site-assets/files/resources/publications/sand-dams-brochure.pdf

2.8 안개이용(Fog harvesting)

FogQuest, 2011, Fog Water Collection Manual
www.fogquest.org: Fog Harvesting의 비디오, 각종 자료가 있는 홈페이지
    http://www.design4disaster.org/2011/02/12/fog-harvesting/: Fog Collector 자료가 있는 홈페이지
Ayman F. Vatisha, 203, Fog collection as a complementary water resource in EGYPT, IWTC7 pp.591-602
Rober S. Schemenauer, Pablo Osses, Matthias Leibbrand, Fog Collection Evaluation and Operational Projects in
    the Hajja Governorate, Yemen.
    http://www.geo.puc.cl/observatorio/cereceda/C38.pdf

2.9 하천 표층수(Floating Intake)

WHO, 2003, Linking technology choice with operation and maintenance in the context of community water
    supply and sanitation. http://www.who.int/water_sanitation_health/hygiene/om/wsh9241562153.pdf

제3장 펌프시스템(Water Lifting)

WHO, 2003, Linking technology choice with operation and maintenance in the context of community water supply and sanitation

    http://www.who.int/water_sanitation_health/hygiene/om/wsh9241562153.pdf

UNICEF, 2010, WASH Technology Information Packages

    http://artplatform.unicef.org/wash/UNICEF_WASH_Technology_web.pdf

USAID, 2009, Empowering Agriculture, Energy option for horticulture

    https://poweringag.org/sites/default/files/giz2011-en-energy-services-for-modern-agriculture.pdf

3.1 버킷펌프(Bucket Pump)

Costantino Faillace, Re-assessment in the summer of 1997 regarding the performance of a bucket pump - a simple water lifting device suitable for small rural villages

    http://www.igcp-grownet.org/presentations/bucket%20pump.pdf

Well WaterBoy Products,

    http://www.wellwaterboy.com/index.html

3.2 핸드펌프(Hand Pump)

Practical Action, Human-powerd Water-lifting devices

    http://practicalaction.org/docs/technical_information_service/human_water_lifters.pdf

Karl Erpf, The Bush Pump The National Standard Handpump of Zimbabwe, 1998, HTN and SKAT

    http://www.rwsn.ch/documentation/skatdocumentation.2005-11-15.9771077921/file

Peter Morgan, 2009, Manual The Zimbabwe Bush Pump

    http://www.clean-water-for-laymen.com/support-files/bushpumpmanual.pdf

Practica Foundation, Volanta Hand Pump, Product Sheet

    http://www.practica.org/wp-content/uploads/services/publications/product%20sheets/PS%20Volanta%20pump.pdf

akovopedia, Jibon pump

    http://www.akvo.org/wiki/index.php/Jibon_pump

3.3 로프펌프(Rope Pump)

Installation manual for the rope pump (www.ropepump.com)

    http://www.ropepump.com/images/InstallationManual.pdf

Extra-strong Rope pump Manual of Technical drawings (www.ropepump.com)

    http://www.ropepump.com/images/TechnicalDrawings.pdf

rope pump production photo manual (www.ropepump.com)

    http://www.ropepump.com/images/PhotoManual.pdf

3.4 수중모터펌프(Submersible Pump)

수중모터펌프 제조사: www.ksb.com

Grundfos SQFlex Brochure

http://lib.store.yahoo.net/lib/wind-sun/SQFlcx-Brochure.pdf

KOICA, 2010, 세네갈 식수개발사업 실시협의 결과보고서, 한국국제협력단

3.5 태양광펌프시스템(Solar Water Pump)

태양광발전 펌프 세트 제조사: www.suntotal.com

Always On Solar & World Vision, 2008, Solar Water Pumping Project, Ghana

http://www.sunepi.org/SunEPI/Ghana_files/Ghana_Solar_Pumping_Project1.pdf

Grunfos Product Guide, SQFlex

http://lib.store.yahoo.net/lib/wind-sun/L-SP-TL-014.pdf

www.solar-aid.org

www.futurepump.com

3.6 풍력펌프(Windmill Pump)

Peter Frankel and Jeremy Thake, 2006, Water Lifting Devices, A handbook
Practical Action Publishing

3.8 페달펌프(Pedal Pump)

Maya Pedal, 2010, Pedal Powered Water Pump, Maya Pedal

http://mayapedal.org/waterpump.pdf

Pedal Powerd WaterPump for Off grid living

http://surviveandthrive.tv/g4t/pedal-powered-waterpump-for-off-grid-living/

3.9 발판펌프(Treadle Pump)

Hydropump Vegnet,

http://procurement.ifrc.org/catalogue/detail.aspx?volume=1&groupcode=114&familycode=114001&categ
orycode=PUMH&productcode=WPUHSURW05

Anthony Oyo, 2006, WSP, RWSN, Spare Part Supplies for Handpump in Africa

http://www.rwsn.ch/documentation/skatdocumentation.2007-06-04.2775193546/file

Money Maker,

http://www.youtube.com/watch?v=zIDzBQ6meYY

3.10 태양열펌프(Solar Thermal Pump)

Nick Jeffries and Gert Jan Bom, 2010, Viability study of a new low-power solar thermal irrigation pump for
smallholder farmers in low-income countries

http://www.sunflowerpump.org/downloads/MScThesis.ViabiltyofSSPinLowIncomeCountries.pdf

Anthony Oyo, 2006, WSP, RWSN, Spare Part Supplies for Handpump in Africa http://www.youtube.com/watch?v=b7R_CQBC7Hc&feature=related

3.11 수격펌프(Ram Pump)

John Calhoun, 2003, NW Independent Power Resources, Home Buily Hydraulic Ram Pump
    http://www.inthefieldministries.org/jscalhou/Home%20Built%20Hydraulic%20Ram%20Pumps.pdf
안병일, 2014, 전환기술사회적협동조합, 작지만 쓸모 있는 수격펌프
    http://kcot.kr
작은손 적정기술 네이버 카페
    http://cafe.naver.com/cncoop/104
Watt, S. B., 1974, A manual on the hydraulic ram for pumping water. London, UK,
    Intermediate Technology Publications.
http://www.samsamwater.com/library/TP40_9_Pumping.pdf

3.12 슬라잉펌프(Sling Pump)

PAMI, 2006, The Stockman's Guide to Range Livestock Watering From Surface Water Source.
    http://www.agf.gov.bc.ca/resmgmt/publist/500Series/590306-5.pdf
Agriculture and Agri-Food Canada, Water-Powered Water Pumping Systems for livestock watering
    http://www1.agric.gov.ab.ca/$department/deptdocs.nsf/ba3468a2a8681f69872569d60073fde1/42131e7469
    3dcd01872572df00629626/$FILE/wpower.pdf
전환기술사회적협동조합 홈페이지
    http://kcot.kr/
비전력통돌이펌프 제작 노하우. http://kimcg3519.blog.me/220181454131

3.13 스크루펌프(Screw Pump)

http://en.wikipedia.org/wiki/Archimedes'_screw

3.14 나선펌프(Spiral Pump, Water Wheel Pump)

Peter Tailer, The Spiral Pump, A High Lift, Slow Turning Pump.
    http://lurkertech.com/water/pump/tailer/
Thomas Ewbank, 1849, A Descriptive and Historical Account of Hydraulic and Other Machines for Raising
    Water

3.15 기포펌프(Air Lift Pump)

A Nens, D. Assimacopouls, N. Markatos, and E. Mitsoulis, Simulation of Airlift Pumps for Deep Water Wells
    http://www.koenderswindmills.com/pdf/airlift_pump_method.pdf
William A. Wurts, Sam G. Mc Neill and Douglas G. Overhults, 1994, Performance and design characteristics
    of airlift pumps for field applications, World Aquaculture 25(4)
    http://www2.ca.uky.edu/wkrec/AirliftPumps.PDF

제4장 용수분배

KOICA, 2008, 탄자니아 도도마/신양가지역 식수개발사업, 한국국제협력단

KOICA, 2009, 케냐 타나강유역(가리사 도심지역) 식수개발사업, 한국국제협력단

KOICA, 2010, 세네갈 식수개발사업 실시협의 결과보고서, 한국국제협력단

Nemanja Trifunovic, 2002(1), Water transmission, Small Community Water Supplies, IRC
      http://www.samsamwater.com/library/TP40_20_Water_transmission.pdf

Nemanja Trifunovic, 2002(2), Water distribution, Small Community Water Supplies, IRC
      http://www.samsamwater.com/library/TP40_21_Water_distribution.pdf

WHO, 2003, Linking technology choice with operation and maintenance in the context of community water
      supply and sanitation
      http://www.who.int/water_sanitation_health/hygiene/om/wsh9241562153.pdf

Erik Nissen-Petersen and Catherine W, Wanjihia, 2006, Water Surveys and Designs, Explains survey techniques
      and gives standard designs with average costs on water supply structures, DANIDA
      http://www.samsamwater.com/library/Book5_Water_Surveys_and_Designs.pdf

gtz, Case Study: Water Kiosks
      http://www.giz.de/Themen/en/dokumente/gtz2009-0193en-water-kiosks.pdf

Gabionbaskets.net, Gabion Installation Guide
      http://www.gabionbaskets.net/images/gabion_assembly/web/gabion_assembly_handout.pdf

300in6, 2010, Safe Water at the Base of the Pyramid
      www.300in6.org

제5장 정수처리

5.1 바이오 샌드 필터(BSF: Biosand Filter)

CAWST, 2012, Biosand Filter Construction Manual
      http://www.cawst.org/en/resources/pubs/training-materials/file/212-bsf-construction-manual-complete-2012
      -eng

5.2 비소저감 필터

Abul Hussam & Abul K. M. Munir, 2007, A Simple and effecitve arsenic filter based on composite iron matrix:
      Development and deployment studies for groundwater of Bangladesh, Journal of Environmental Science
      and Health Part A(2007) 42, 1869-1878
      http://chemistry.gmu.edu/faculty/hussam/Arsenic%20Filters/ESH%20ARSENIC%20FILTER%20PAPER%
      202007.pdf

Christine Wenk, 2008, Household scale arsenic removal from drinking water with zero-valent iron, ETH
      http://e-collection.library.ethz.ch/eserv/eth:31044/eth-31044-01.pdf

MGAI. Tommy Ka Kit, MURCOTT. Susan and SHRESTHA. Roshan, Kanchan Arsenic Filter (KAF) - Research
      and Implementation of an Appropriate Drinking Water Solution for Rural Nepal

http://web.mit.edu/watsan/Docs/Other%20Documents/KAF/Ngai%20-%20Asia%20Arsenic%20Network%20symposium%20paper%202004.pdf

SONO Filter

http://www.gmu.edu/depts/chemistry/CCWST/SONO%20Filter-%20A%20Solution%20for%20Arsenic%20Crisis%202013.pdf

5.3 불소저감 필터

Leela Lyengar, 2002, Technolgies for Floride removal, Small Community Water Supplies, IRC

http://www.samsamwater.com/library/TP40_22_Technologies_for_fluoride_removal.pdf

RGNDWM(1993). Prevention and control of fluorosis. Vol. II. Water quality and defluoridation techniques. New Delhi, India, Rajiv Gandhi National Drinking Water Mission.

A. K. Vaish & P Vaish, 2007, A Case Study of Fluorosis Mitigation in Dungarpur Distict, Rajasthan, India

http://www.de-fluoride.net/3rdproceedings/97-104.pdf

www.de-fluroride.net

Anne Marie Helmenstine, 2008, How to remove fluoride from drinking water

http://www.bibliotecapleyades.net/salud/salud_fluor23.htm

5.4 양초형 필터 정수기

Robert W.Dies, 2003, Development of Ceramic Water Filter for Nepal

http://www.sswm.info/sites/default/files/reference_attachments/DIES%202001%20Development%20of%20a%20Ceramic%20Water%20Filter%20for%20Nepal.pdf

KATADYN, Katadyn Drip Ceradyn, Manual

http://katadynch.vs31.snowflakehosting.ch/fileadmin/user_upload/katadyn_products/Downloads/Manual_Katadyn_Drip_EN.pdf

5.5 세라믹 항아리 필터 정수기(Ceramic Pot Filter Purifier)

WSP, 2007, Use of Ceramic Water Filters in Cambodia, UNICEF

http://www.wsp.org/sites/wsp.org/files/publications/926200724252_eap_cambodia_filter.pdf

5.6 사이펀 필터 정수기(Siphon Filter Purifier)

Basic Water Needs, Tulip Siphone Water Filter Instruction manual

http://www.basicwaterneeds.com/wp-content/uploads/2013/11/User-manual-Siphon-water-filter.pdf

5.7 태양열 증발 정수기

http://www.gabrielediamanti.com/projects/eliodomestico---how-does-it-work/

The Water Pyramid

https://www.changemakers.com/sites/default/files/waterpyramid%20brochure%20mrt%202008.pdf

Eliodomestico

http://www.gabrielediamanti.com/projects/eliodomestico---how-does-it-work/

5.8 염소소독

Waterguard poster

> http://thesocialmarketplace.org/wp-content/uploads/2010/10/Poster-Instructional-WG1.pdf

5.9 침전 정수

IFRC, 2008, Household water treatment and safe storage in emergencies, International Federation of Red Cross and Red Crescent Societies

> http://www.ifrc.org/Global/Publications/disasters/142100-hwt-en.pdf

PUR Purufuer of Water Proudct Demonstration Guide

> http://www.pghsi.com/pghsi/safewater/pdf/Haitian_English_PUR_Instructions.pdf

Three-Poet Water Treatment System

> http://wedc.lboro.ac.uk/resources/posters/P002_Water_treatment.pdf

SKINNER, B. H. 2003.

> Small-scale Water Supply: A Review of Technologies. Rugby, UK: Practical Action Publishing

5.10 태양광 살균시스템(SODIS)

EAWAG & SANDEC, 2002, Solar Water Disinfection A guide for the Application of SODIS, KWAHO(Kenya Water for Health Organisation), SODIS Poster

Brock Dolman and Kate Lundquist, 2008, Roof water harvesting for a low impact water supply, WATER Institute

SODIS, Training Manual for SODIS Promition, 2006

> http://www.sodis.ch/methode/anwendung/ausbildungsmaterial/dokumente_material/training_manual_e.pdf

www.fundacionsodis.org

www.sodis.ch

손주형 ―――――――――――――――――――――――――――――――

현) 한국농어촌공사 지하수지질처 근무
이학박사 부경대학교(지하수 환경)
낙동강유역환경청 환경영향심사위원(응용지질 분야)

케냐 타나강 식수개발사업 PMC 단장
탄자니아 도도마 및 신양가지역 식수개발사업 PMC
캄보디아 농촌개발정책 및 전략수립사업 PMC
에티오피아 티그라이주 식수개발사업 PMC
필리핀 MIC(농공단지) 개발사업 기초조사
아르헨티나 농업현황 조사
가나 농업협력개발사업 개발조사
D. R. 콩고 자원연계 협력사업 개발조사
인도네시아 수력발전용댐 예비조사
라오스 무상협력사업 실시조사
파푸아뉴기니 워터펌프 프로젝트 실시조사
베트남 오염 토양 정화 및 지하수 조사
페루 대용량 충적층 지하수 개발조사

『빗물집수시스템(Rainwater Harvest System)』
『지구 반 바퀴 너머, 아르헨티나』
『중국의 작은 유럽, 칭다오』
『잠보, 탄자니아』
『아빠 함께 가요, 케냐』
『에티오피아, 천 년 제국에 스며들다』

블로그: blog.naver.com/jhson9

* 이 책의 모든 인세는 국제자선단체에 기부하여 개발도상국을 위해서 쓰일 예정입니다.

개발도상국
식수 개발
Water Supply
System

초판인쇄 2016년 1월 29일
초판발행 2016년 1월 29일

지은이 손주형
펴낸이 채종준
펴낸곳 한국학술정보㈜
주소 경기도 파주시 회동길 230(문발동)
전화 031) 908-3181(대표)
팩스 031) 908-3189
홈페이지 http://ebook.kstudy.com
전자우편 출판사업부 publish@kstudy.com
등록 제일산-115호(2000. 6. 19)

ISBN 978-89-268-7154-6 93530